Sicherheit
Ein Urbedürfnis als Herausforderung für die Technik

Christian Bachmann

Sicherheit

Ein Urbedürfnis als Herausforderung für die Technik

Birkhäuser Verlag
Basel · Boston · Berlin

Inhalt

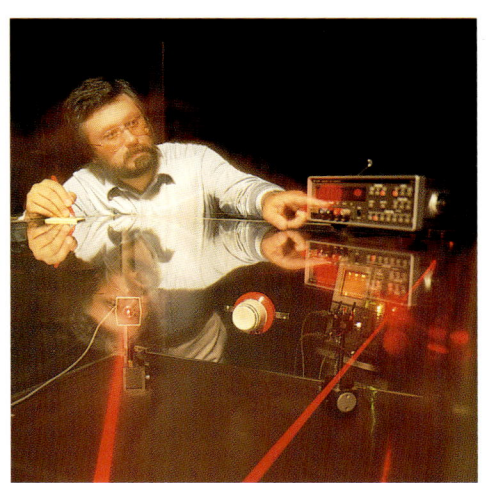

© 1991 Cerberus AG, Männedorf
Recherchen und Dokumentation : Ludvik Vesely, München
Text und Redaktion : Christian Bachmann, Zürich
Umschlagfoto : Cerberus AG
Buchgestaltung : Albert Gomm, Basel
Birkhäuser Verlag AG, Basel · Boston · Berlin
ISBN 3-7643-2449-X

Zu diesem Buch

«Sicherheit» ist ein vielschichtiger Begriff.
Er weckt Assoziationen an Straßen-, Bahn-
oder Luftverkehr, läßt an Kernkraftwerke
und andere technische Einrichtungen denken. Strategen des Krieges verwenden ihn
ebenso wie Gesundheitspolitiker und Kon-
sumentenschützer. Oder denken wir an die
«Sicherheits- und Kriminalpolizei», die sich
mit Einbruch, Diebstahl, Brandstiftung und
Schlimmerem täglich zu befassen hat.

Seit Urzeiten ist der Mensch vielfältigsten
Bedrohungen ausgesetzt. Sei es von Urele-
menten, wie Wasser, Luft und Feuer —
einerseits lebensnotwendig, andererseits
aber auch bedrohlich. Sei es von anderen
Lebewesen, die in Gestalt von krankma-
chenden Mikroben ebenso auftreten wie in
der von Menschen, die anderen übel mit-
spielen — von wilden Tieren ganz zu schwei-
gen.

Gegen all diese Bedrohungen hat sich der
Mensch seit jeher zu schützen versucht.
Doch das Streben nach Sicherheit ist bei
weitem älter als der Mensch. Es ist ein Urbedürfnis — so alt wie die meisten Lebewesen.
Die Entwicklung zur belebten Natur von
heute war wohl nur möglich dank einem
sehr früh entstandenen genetisch veran-
kerten Bedürfnis nach Sicherheit. Von ihm

In seiner «Komposition mit Regenschirm» von 1932 spielt Fernand Leger mit Gegenständen der Sicherheit, die vor elementaren Unbilden und vor menschlicher Arglist schützen sollen.

handelt dieses Buch, und davon, was zuerst die Natur und dann der Mensch zu seiner Verwirklichung erfunden hat.

Wie jedes Buch, zumal eines zu einem derart vielschichtigen Thema, muß sich auch dieses beschränken. Ein umfassendes Kompendium wäre weder machbar noch sinnvoll gewesen. Vielmehr geht es hier darum, Entwicklungslinien aufzuzeigen, den Bogen zu schlagen von einem Urprinzip, das schon bei der Entstehung des Lebens Pate stand, bis zu den Mitteln moderner Technik und Elektronik. Besonders interessant ist in dieser Hinsicht der «hautnahe» Bereich, also Sicherheit von Leib und Leben einerseits, von Gütern andererseits.

Dieses Buch wäre nicht möglich gewesen ohne das großzügige Sponsoring der Cerberus AG. Dieses Unternehmen ist seit fünf Jahrzehnten führend im Bereich Sicherheitstechnik tätig. Der Autor dankt insbesondere dem Mitgründer des Unternehmens, Herrn Dr. Ernst Meili, und seinen Mitarbeitern für die fachkundige Beratung in vielen sicherheitstechnischen Belangen und für umfangreiches Bild- und Archivmaterial. Die fachkundige Recherche von technikhistorischem Material im größten technischen Museum Europas, dem deutschen Museum in München, besorgte Ludvik Vesely. Ohne seine wertvolle Grundlagenarbeit wäre dieses Buch niemals entstanden. Mein besonderer Dank gilt auch den Mitarbeiterinnen und Mitarbeitern des Birkhäuser Verlags. Sie haben mit großem Einsatz zum guten Gelingen dieses Werkes beigetragen.

Christian Bachmann

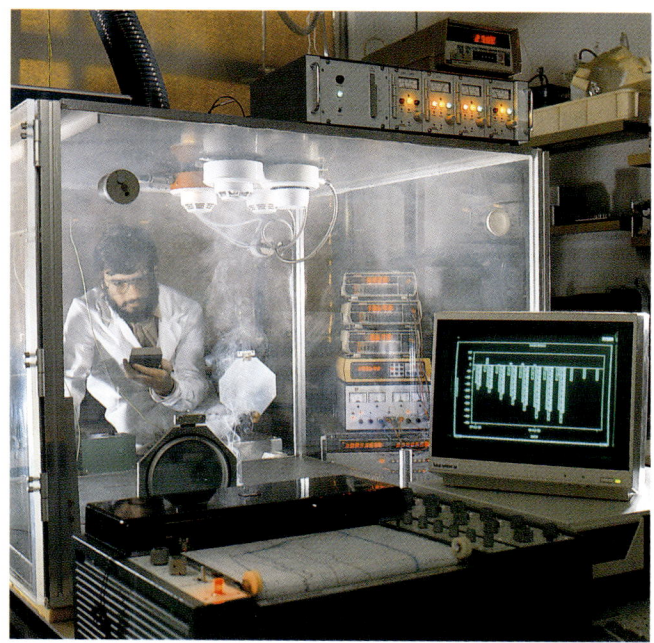

Rauchgasmelder können
Brände in einem frühen Sta-
dium automatisch entdecken.
Versuche im Brandlabor dienen dazu, diese Sensoren immer weiter zu verbessern.

Kapitel 1
Sicherheit seit Urzeiten

Lebende Radiolarien – winzige Schleimklümpchen, die seit Hunderten von Jahrmillionen in den Weiten des Ozeans von Generation zu Generation überlebt haben. Die strahlenförmigen Fortsätze geben Auftrieb und dienen als Fangarme.

Vom Urprinzip zur modernen Technik

Ein weiter Sprung ist es von den Anfängen des Lebens bis zu den modernen elektronischen Methoden, mit deren Hilfe der Mensch Sicherheitsprobleme technisch immer besser zu lösen versucht.

Winzig, von bloßem Auge kaum sichtbar, treibt ein Lebewesen in den unendlichen Weiten des Ozeans. Es scheint nichts weiter als ein unscheinbares Schleimklümpchen zu sein. Doch der Forscher, der es unter dem Mikroskop betrachtet, findet ein filigranes Skelett aus Kieselsäure. Dessen Hohlräume bieten dem Lebewesen Schutz, und durch die Öffnungen streckt es klebrige Fortsätze nach außen, um noch winzigere Wesen als Beute zu fangen. Das Tierchen enthüllt dem Forscher zwei Geschichten, die unterschiedlicher fast nicht sein können. Doch beide erzählen von der Sicherheit als einem Urprinzip des Lebens.

Da sind einmal, in über hundert Millionen Jahre alten Gesteinen, die Überreste von winzigen Skeletten, die jenen der heute lebenden Tierchen aufs Haar gleichen. Der Forscher nennt sie «Radiolarien». Die versteinerten Formen sind Vorfahren der heute lebenden Radiolarien. Und vielleicht verdanken diese Planktonwesen ihr Überleben genau den Eigenschaften, die auch ihr Skelett alle dramatischen Wechsel der Erdgeschichte hat überdauern lassen: dem Schutz, den das stabile Gerüst bietet.

Eine ganz andere Geschichte erzählt die biochemische Forschung. Biochemiker haben Zellen aller möglicher Lebewesen — von der Meeresalge bis zum Menschen — genauestens analysiert. Besonderes Interesse weckte eine Substanz, in der die genetischen Eigenschaften des Lebens verschlüsselt sind: Desoxyribonukleinsäure, kurz DNS. Die chemische Botschaft der DNS ist bei jedem Lebewesen anders. Doch der genetische Verschlüsselungs-Code ist, abgesehen von einigen Abweichungen, immer derselbe: bei den

Planktontierchen genauso wie bei den Fischen, von denen sie gefressen werden und bei den Menschen, die zum Fischen aufs Meer hinausfahren. Auch bei Bohnen, Gräsern, Sonnenblumen, Orchideen, Mammutbäumen...

Es scheint, als habe das Leben vor Jahrmilliarden einst diesen Vererbungsschlüssel erfunden und dann, als er sich als erfolgreich herausstellte, beibehalten. Das Leben veränderte sich, neue Lebewesen, Arten, Gattungen und Ordnungen entstanden. Doch der Schlüssel in den Erbanlagen, von Generation zu Generation weitergegeben, millionenfach kopiert und wieder kopiert, blieb nicht nur funktionstüchtig, sondern ganz und gar unverändert. Wenige Ausnahmen bestätigen diese Regel.

Die winzigen Meerestierchen, deren Skelette und Vererbungsmechanismen Jahrmillionen überdauerten, wenden zwei Sicherheitstechniken an, die für uns Menschen ebenso alt wie futuristisch sind: Gefährdetes einschließen und lebenswichtige Information fehlerlos übertragen.

Schon die ersten Behausungen der Urmenschen dienten der Sicherheit. Zunächst als Schutz vor Wind, Wetter und Raubtieren. Später auch, um den eigenen Besitz zu wahren, ihn vor jenen zu schützen, die sich zum Schaden anderer bereichern. Die Technik des Einschließens ist im Tierreich ebenso verbreitet wie im menschlichen Alltag – vom Briefkasten bis zum Banktresor.

Die Übertragung von Information nach Art des genetischen Codes ist dagegen eine Technik, die erst mit der Datenverarbeitung in vielen Büros zur Alltagsroutine geworden ist. «Daten sichern» heißt immer auch Daten von einem Träger auf einen anderen kopieren.

Dasselbe Prinzip bestimmt auch die Mechanismen der Vererbung: Die Gene sind eine Art biochemischer Computer, in dem jede Erbinformation sicher gespeichert ist. Sie dient als Vorlage beim Vervielfältigen, wenn sich die Zellen beim Wachstum oder zu Fortpflanzungszwecken teilen.

Zwischen Urtierchen und Computern spannt sich ein weiter Bogen. Die Geschichte der Sicherheit begann mit den ersten Lebewesen auf dieser Erde. Sie hatten der toten Materie etwas voraus,

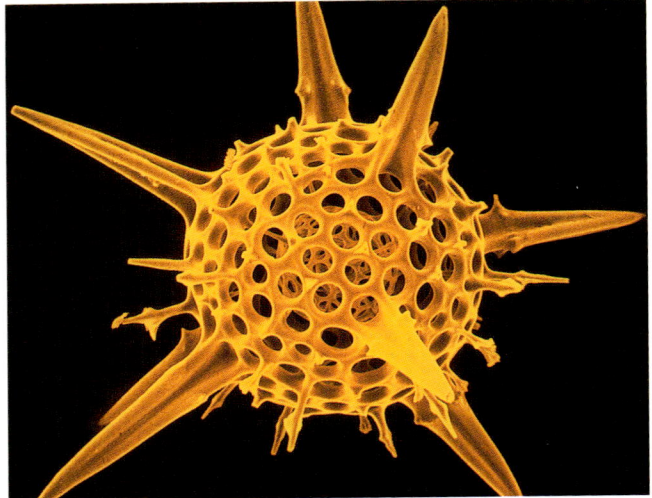

Skelette von Jahrmillionen alten Radiolarien, aufgenommen mit dem Raster-Elektronenmikroskop. Im Innern des hohlen Skelettes war die lebendige Substanz gut geschützt; die Fortsätze gaben den Fangarmen Halt.

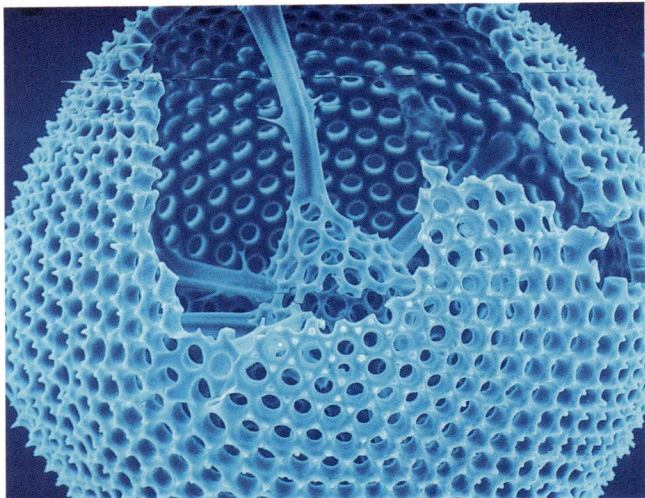

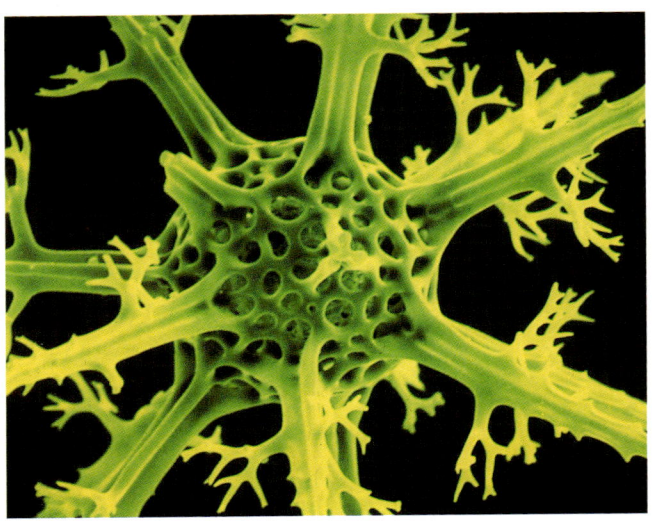

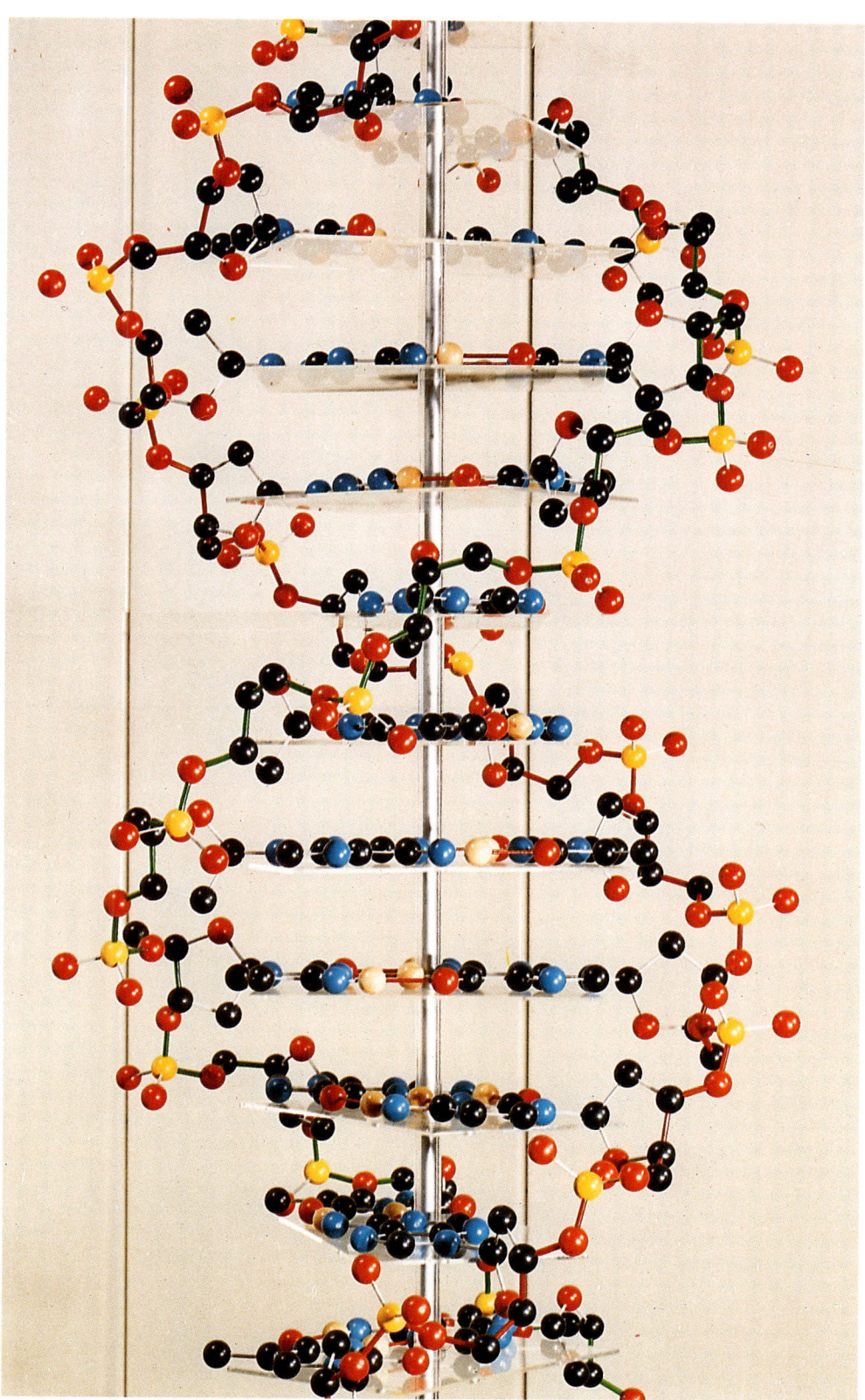

das es zu bewahren galt, sobald es einmal entstanden war.

Doch keine Sicherheit ohne Risiko! Aus dem Prinzip Sicherheit allein wäre Leben niemals entstanden. Denn Leben ist immer im Fluß, und gerade die ständige Dynamik zwischen Risiko und Sicherheit macht das Leben aus: seine Schönheit ebenso wie seinen Erfolg.

Die Doppelschraube der Desoxyribonukleinsäure (DNS) in einem stark vergrößerten Modell. Dieses Molekül sichert den Fortbestand der Erbmasse.

Leben zwischen Feuer und Wasser

Seit der Antike glaubte man, daß dem Salamander Feuer nichts anhaben könne, ja sogar, daß er sich von Flammen ernähre. Kupferstich von Crispin de Passe d. Ä., 1611.

Zuckend fährt ein Blitz nieder und verbreitet einen Augenblick lang grelles Licht über die Steppenlandschaft. Regengüsse prasseln auf die Zeltplane aus Tierhaut. Für Urmenschen muß dieses Schauspiel ungleich eindrucksvoller gewesen sein als für uns, die wir in festen Häusern wohnen, geschützt durch Dächer, Mauern und Blitzableiter. So feindlich sich die Elemente während des Gewitters geben, so freundlich, ja unentbehrlich sind sie für das Leben. Ohne Wasser hält es ein Mensch nur wenige Tage aus, in der Wüste gar nur Stunden. Und die Beherrschung des Feuers markiert den Beginn menschlichen Wesens überhaupt. Bereits vor rund zwei Millionen Jahren verstanden die ersten Urmenschen-Arten, Homo habilis und Homo erectus, das Feuer natürlicher Brände zu nutzen. Später lernte der Mensch, es durch Reibungswärme selbst zu entfachen.

Diese technische Emanzipation von den Naturgewalten hat in der Mythologie Spuren hinterlassen. Der erste «Sündenfall» wurde Wirklichkeit — jener des Prometheus, der den Göttern das Feuer stahl und dafür zur Strafe angekettet wurde und dem dann der Adler des Göttervaters Zeus die Leber fraß.

Von den Urgewalten Feuer und Wasser handeln Epen, Sagen und Mythen in fast allen menschlichen Kulturen. Sie besingen die Entstehung der Welt ebenso wie ihren Untergang. Die meisten dieser Geschichten — am bekanntesten jene im Alten Testament und im Gilgamesch-Epos — erzählen von einer Sintflut. Doch die großartigsten Weltuntergangsschilderungen, in der altgermanischen Edda wie in der biblischen Offenbarung, handeln von einem Weltenbrand. Im karolingi-

Feuer als höllischer Dämon der Unterwelt, hier in Schach gehalten von einer Lichtgestalt mit dem Schlüssel als Zeichen ihrer Macht (mehr darüber auf Seite 37). Kupferstich zur Illustration der Offenbarung des Johannes, aus einer Bibel von 1534.

Das Lebenselement Wasser wird hier zum Element des Todes, als Strafe Gottes in der Sintflut. Kupferstich aus dem Jahre 1523.

schen Muspilli-Epos vermischen sich diese beiden Quellen:

«Wenn des Elias Blut auf die Erde trauft
So entbrennen die Berge. Kein Baum bleibt stehen
Noch auf Erden. Die Wasserläufe vertrocknen,
Meer verzehrt sich, lohend verschwelen die Himmel.
Mond fällt, es brennt die Wohnstatt des Menschen...»

Was die Epen in überhöhter Form darstellen, prägte von Anfang an den Alltag menschlicher Kultur: Feuer wärmte die Glieder und machte Speisen eßbar, konnte aber jederzeit das Haus oder eine ganze Stadt zerstören; Wasser ist nicht nur das Lebenselement von Pflanzen, Tieren und Menschen, sondern kann in unkontrollierbaren Fluten alles wegschwemmen, was der Mensch erarbeitet hat.

Daß man mit Wasser Feuer löschen kann, war zweifellos eine wichtige Entdeckung. Sie legte den Grundstein zu neuen Erkenntnissen – nicht mehr auf Göttergeschichten, sondern auf rationaler Logik aufgebaut.

Dieses neue Denken begann sich einige hundert Jahre vor Christus an der Küste Kleinasiens zu entwickeln. Der griechische Naturphilosoph Thales von Milet wollte alles Naturgeschehen auf das Ur-Element Wasser zurückführen, während Heraklit lehrte: «Alles ist Austausch des Feuers und Feuer Austausch von allem, gerade wie Gold für Waren und Waren für Gold eingetauscht wird.» Heraklit glaubte, daß sich Feuer durch Verdichtung in Wasser verwandeln könne.

Die Flammen des Herdfeuers oder einer Kerze waren für die alten Griechen übrigens kein «reines» Feuer. Ruß und Rauch zeigten an, daß ihm das Element Erde beigemischt war. Feuer vermochte auch die Erde zu verwandeln, so daß daraus bald Glas, bald Metalle und bald allerlei Farben oder sogar Heilmittel entstanden. Auch konnte man aus «Erde», das heißt Stein, Feuer schlagen.

Daß zwischen den beiden leichten Elementen Feuer und Luft ein Zusammenhang besteht, vermuteten schon die Naturphilosophen des Altertums. Doch von der Erkenntnis, daß zur Verbrennung Luft nötig ist, waren sie noch weit entfernt. Später entdeckte Leonardo da Vinci: «Wo die Flamme nicht leben kann, da kann auch kein atmendes Wesen leben.»

Je weiter sich die Naturwissenschaft entwickelte, desto mehr zeigten sich Gemeinsamkeiten zwischen dem Leben und dem «lebendigen» Element Feuer: Beide haben einen Stoffwechsel, beide brauchen Sauerstoff und scheiden Kohlendioxid und Wasser aus, wobei «Unverdauliches» zurückbleibt, beide bewegen sich, wachsen, pflanzen sich fort, hinterlassen Spuren in der Umwelt. Es fällt gar nicht so leicht, Eigenschaften des Lebens aufzuzählen, die nicht zugleich Eigenschaften des Feuers sind.

Den ersten einwandfreien Nachweis, daß Feuer ohne Luft nicht brennen kann, erbrachte 1650 der Magdeburger Bürgermeister Otto von Guericke. Ironischerweise stand das Feuerlöschwesen bei diesem Versuch gleichsam Pate. Denn aus einer alten Feuerspritze bastelte der Magistrat eine Pumpe, mit der er Wasser aus einem verschlossenen Gefäß heraussaugte. Berühmt geworden ist sein Versuch mit den beiden Halbkugeln, zuerst mit Wasser gefüllt und zusammengepreßt, dann leergepumpt. Guericke behauptete, der Luftdruck vermöge die beiden Halbkugeln so stark zusammenzudrücken, daß selbst Pferde nicht imstande seien, sie auseinanderzureißen. Vor schaulustigem Volk, das sich auf eine Blamage freute, wies er dies nach. Erst als er durch ein Ventil wieder Luft zwischen die Halbkugeln strömen ließ, fielen sie zum Staunen der Zuschauer ganz leicht auseinander. Guericke war auch einer der ersten, die nachwiesen, daß in einem luftleeren Raum eine Flamme nicht brennen kann. Der englische Physiker Sir Robert Boyle wiederholte diesen Versuch mit demselben Ergebnis, fand jedoch heraus, daß Schießpulver auch ohne Luft verpuffte.

Noch stritten sich allerdings die Gelehrten darüber, wie diese Ergebnisse zu deuten seien. Flammen in einem abgeschlossenen Gefäß würden einfach an ihrem eigenen Rauch ersticken. Aber wie kam es dann, daß glühendes Eisen oder gebündelte Sonnenstrahlen im Vakuum nicht imstande waren, Zunder zum Brennen zu bringen?

Dieses Modell der Luftpumpe Otto von Guerickes ist im Deutschen Museum München zu besichtigen.

Otto von Guericke in einem Kupferstich nach einem Gemälde von Anselm van Hulle, 1649. Der ovale Rahmen trägt eine lateinische Inschrift: «Die besten Güter sind Freiheit, Gesetze und Friede.» Neben den juristischen Gesetzen lagen dem Magdeburger Bürgermeister auch die Naturgesetze am Herzen, wie der untenstehende Versuch zeigt.

Im Jahre 1650 wies Guericke nach, daß der Luftdruck zwei Halbkugeln (A, B) so stark zusammenpreßt, daß zwanzig Pferde sie nicht auseinanderzureißen vermögen. Als jedoch Guericke das Ventil H öffnete und Luft in den Hohlraum D einströmen ließ, fielen die Kugeln von selbst auseinander.

Der englische Arzt John Mayow, der von Boyles Versuchen gehört hatte, war auf der richtigen Spur, als er 1674 in einer Abhandlung schrieb: «Die uns umgebende Luft, die uns wie ein leerer Raum erscheint, enthält doch einen gewissen, mit dem Salpeter in engem Zusammenhange stehenden Stoff. Dieser bildet einen Geist, der mit den Erscheinungen des Lebens, des Brennens und Gärens eng verbunden ist.»

Dieser «Geist» — so bezeichnete man damals alle gasförmigen Substanzen — existiert tatsächlich sowohl in der Luft als auch, chemisch gebunden, im Salpeter, einem wichtigen Bestandteil des Schwarzpulvers. Joseph Priestley entdeckte 1774 als erster den «brennbaren» Bestandteil der Luft. Seit Ende des 18. Jahrhunderts trägt er seinen heutigen, von dem französischen Chemiker Antoine Laurent Lavoisier geprägten Namen «Oxygen», zu deutsch Sauerstoff.

Lavoisier war es auch, der im Wasser eine Verbindung aus Sauerstoff und Wasserstoff erkannte. So ist es derselbe Stoff, der daran beteiligt ist, Feuer zu unterhalten und zu löschen.

Feuer und Wasser sind meistens Gegensätze: Feuer läßt Wasser verdampfen, Wasser löscht Feuer. Doch dem ist nicht immer so. Gerät zum Beispiel das Leichtmetall Magnesium in Brand, darf man unter keinen Umständen mit Wasser löschen. Die enorme Hitze dieses Brandes würde das Löschwasser in Sauerstoff und Wasserstoff spalten, also in das explosive Knallgas.

Doch für die meisten Brände ist Wasser das seit Jahrtausenden bewährte Löschmittel. Seine Wirkung beruht auf der Tatsache, daß sehr große Wärmemengen nötig sind, um Wasser in Wasserdampf zu verwandeln — rund sechsmal mehr als für die Erhitzung der entsprechenden Wassermenge von Zimmertemperatur bis zum Siedepunkt. Das Wasser entzieht diese Wärme dem brennenden Objekt, kühlt es also ab. Schließlich sinkt die Temperatur unter den sogenannten Entflammungspunkt. Bei Holz liegt er bei ungefähr 250 Grad Celsius. Der Verbrennungsvorgang wird unterbrochen.

Wenn aber Wasser auf glühendes Metall tropft, verdampft es nicht sofort, was zum Beispiel auf einer heißen Herdplatte leicht zu beobachten ist: Der entstehende Wasserdampf bildet einen dünnen Isolierfilm, auf dem der Wassertropfen schwebt und so den direkten Kontakt mit der heißen Metalloberfläche verliert.

Exaktes Wissen um die Vorgänge beim Brennen und Löschen hindert uns moderne Menschen nicht daran, fasziniert in die Glut des Kaminfeuers zu starren, empfänglich für Geschichten von Geistern und Gaunern. Daß gerade die Bedrohung der Sicherheit von rationalen Überlegungen wegführen kann und Denkmuster freilegt, die man längst überwunden glaubte, zeigt das folgende Kapitel.

Ideen ohne Gewähr

»Daß in einer jeden Stadt und Dorf verschiedene hölzerne Teller, worauf schon gegessen worden, und mit der Figur und Buchstaben, wie der beigefügte Abriß besaget, des Freytags bey abnehmendem Monde, Mittags zwischen 11 und 12 Uhr mit frischer Dinte und neuen Federn beschrieben, vorräthig seyen, und sodann aber, wenn eine Feuersbrunst ... entstehen solte, ein solcher nur bemeldetermaßen beschriebener Teller mit den Worten : Im Namen Gottes, ins Feuer geschmiessen und wofern das Feuer dennoch weiter um sich greifen wollte, dreymal solches wiederholt werden soll, dadurch dann die Gluth ohnfehlbar gedämpfet wird« — also befahl der sächsische Herrscher, Herzog Ernst August von Weimar, an dem heiligen 24. Dezember 1742 seinen Untertanen. Die Schultheißen und Bürgermeister Sachsens mußten solche Teller von Amtes wegen vorrätig halten.

Siebzig Jahre zuvor hatte der Holländer van der Heyde den Feuerwehrschlauch erfunden. Guerikkes Verbrennungsexperimente im luftleeren Raum waren fast ein Jahrhundert alt und britische Physiker drauf und dran, den Sauerstoff zu entdecken. Warum also dieser Rückfall in finsteren Aberglauben ?

Zweifellos konnte die noch junge Wissenschaft nicht die Sicherheit bieten, die man heute so selbstverständlich von ihr erwartet. Feuerlöschrituale hatten dagegen eine jahrtausendealte Tradition. Angesichts der verheerenden Brände, die zu jener Zeit oft innerhalb von Stunden ganze Städte in Schutt und Asche legten, war das Bedürfnis nach Sicherheit enorm, und die Leistung der Feuerspritzen reichte im Katastrophenfall kei-

Der florentinische Gürtel in einem pikanten Holzschnitt von Peter Flötner aus dem 16. Jahrhundert. Der reiche Mann links bietet der Frau Geld, will sich ihre Treue aber mit einem Schloß sichern. Doch die Frau kauft sich mit dem Geld einen Nachschlüsse . Der Kommentar lautet: Es hilft kein Sloß für Frauwen List...

neswegs aus. Die Sachsener Tellerverordnung wurde übrigens nach kurzer Zeit wieder abgeschafft, nachdem man sich im Ausland darüber lustig gemacht hatte.

Menschliches Sicherheitsstreben folgt eben nicht immer den geraden Pfaden der Logik. Wenn Menschen in Panik scharenweise zum verschlossenen Ausgang drängen oder wertlose Kleinigkeiten aus dem Feuer retten, dann verlieren sie im buchstäblichen Sinne den Kopf. Gerade wenn die Sicherheit am stärksten und unmittelbar bedroht ist, gewinnen oft primitive Regungen Oberhand. Dies gilt, wie das Beispiel der Feuerteller zeigt, nicht nur für die Welt der Reflexe und Verhaltensmuster, sondern auch für die der Ideen. Egal wie absurd, raffiniert oder naheliegend sie sind: Sie bieten nicht immer Gewähr für Sicherheit.

Wenn beispielsweise Ritter Kuno auf Kriegszug weilte und seine holde Gemahlin mit einem Keuschheitsgürtel zurückließ, dessen einzigen Schlüssel er bei sich zu tragen glaubte, dann war nicht nur Kuno beruhigt, sondern oft auch seine Holde, aber nicht ganz Getreue. Denn sie hatte vom bestochenen Schlosser eine Kopie des Schlüssels anfertigen lassen, konnte ihren Geliebten jederzeit empfangen im freudigen Bewußtsein, daß ihr Gatte keinen Verdacht schöpfen würde, wenn er zurückkehrte.

Keuschheitsgürtel, auch florentinische Gürtel genannt, kamen um 1395 auf und waren haupt-sächlich bis etwa 1600 im Gebrauch. Das letzte Modell wurde 1903 in Deutschland patentiert — wohl kaum ein repräsentativer Beitrag zur Damenmode des zwanzigsten Jahrhunderts.

Mit einer Technik, die sich bei Geldtruhen durchaus bewährt hatte, war also das immaterielle Gut der ehelichen Treue nicht unbedingt sicher zu bewahren. Der umgekehrte Versuch — Materielles mit Immateriellem zu schützen — dürfte nicht viel erfolgreicher gewesen sein. Bestimmt nicht so erfolgreich, wie sich jene erhofften, die sich nachts zum Galgen schlichen, um einem gehenkten Dieb den Daumen abzuschneiden. Diebesdaumen, so hieß es, bringen Glück. Insbesondere sollen sie vor Einbrüchen schützen. Bei Dieben wiederum sollen Hände von ungetauft verstorbenen Kindern hoch im Kurs gestanden haben, «daß sie die Leut in den Häuseren welche sie bey Nacht besteigen und bestählen wollen, in so harten Schlaff fellen, daß niemand erwachen kan», wie 1674 eine christliche Warnschrift vor dem Aberglauben schildert.

Ideen sind immer ein Risiko, selbst dort, wo man es am wenigsten vermutet. So diente, wenn man einer Zeitungsmeldung glauben darf, als Türstopper im Tresorraum der Bank von Mead, US-Staat Nebraska, ausgerechnet eine vierzig Kilogramm schwere, noch scharfe Splitterbombe aus der Weltkriegsproduktion.

Kapitel 2
Gegen Geister und Gauner

Das Sinnbild der beiden verwandten Elemente Feuer und Luft zeigt eindrucksvoll, wie die Beherrschung des Feuers Grundlage der Metallverarbeitung und damit der Ingenieurskunst ist. Diese diente jahrhundertelang vor allem kriegerischen Zwecken. Gemälde von Jan Brueghel d. J. (1601–1678) und Frans Frankken d. J. (1581–1642), Holz, 50 × 85 cm.

Dreitausend Jahre Ingenieurskunst

Am Anfang steht das Bedürfnis. Dann dämmern Ideen, und diesen folgen Taten. So könnte man den Ursprung der Technik beschreiben, deren Anfänge sich im Dunkel menschlicher Geschichte verlieren. War jener Urmensch, der zum ersten Mal aus Flintstein eine Klinge schlug, ein Ingenieur? Oder beginnt das, was wir Technik nennen, mit der Erfindung des Rades? Um solche Begriffsbestimmungen soll es hier nicht gehen. Jede Erfindung, die einen wesentlichen Fortschritt bringt, verdient Bewunderung — ungeachtet der technischen Stufe, auf der sie gemacht wird.

In der Sicherheitstechnik brachte zweifellos die Baukunst den ersten wesentlichen Fortschritt. Urmenschen hatten Höhlen benützt, um das Kostbarste zu schützen, das sie besaßen: ihren Kult. Die bis heute erhaltenen Höhlenmalereien von Lascaux und anderen Stätten legen davon ein eindrucksvolles Zeugnis ab. Auch bei den alten Ägyptern, die mit ihren gewaltigen Pyramiden einen frühen Höhepunkt der Baukunst erreichten, standen kultische Überlegungen im Vordergrund.

Feste Bauten bieten gegen menschliche Eindringlinge nur dann ausreichenden Schutz, wenn sie bewacht oder abgeschlossen sind. Schon die Steinzeitmenschen hatten Wachhunde und kannten den Riegel, mit dem eine Tür von innen verschlossen werden kann. Die ersten Schlüssel, mit denen sich eine Tür auch von außen abschließen ließ, entstanden etwa 5'000 v.Chr. in Ägypten und wahrscheinlich auch in China.

Die Geschichte von Schloß und Schlüssel auf der einen und von Dieben und Einbrechern auf der anderen Seite zieht sich über sieben Jahrtausende

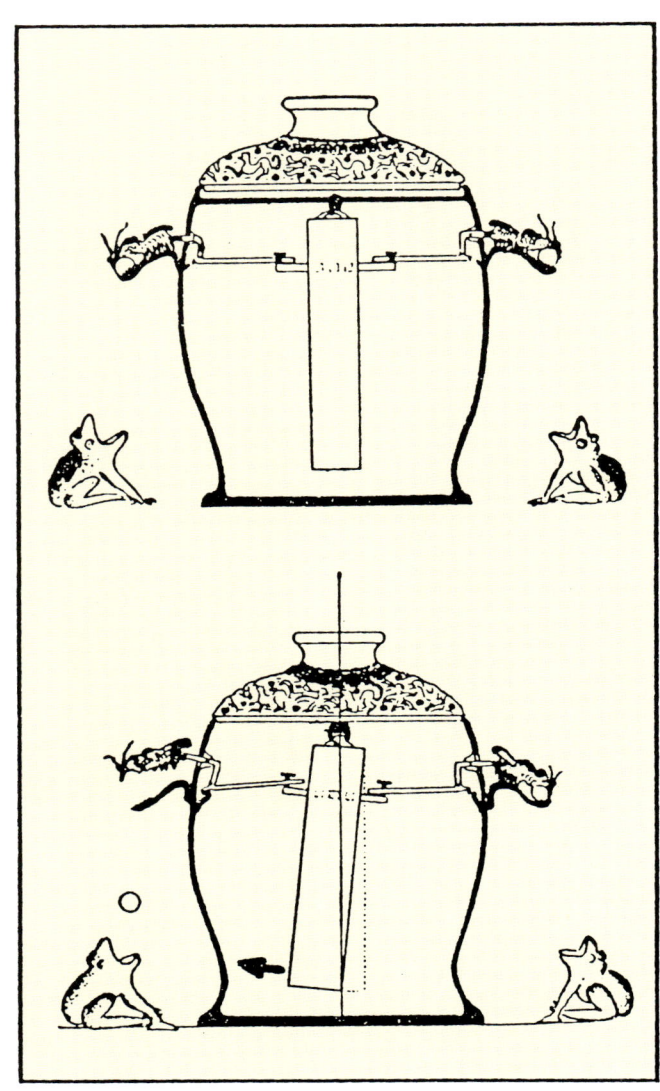

So funktionierte der erste chinesische Seismograph (rechts): Herzstück des Apparates ist das in der Mitte aufgehängte schwere Pendelgewicht. Im oberen Bild ist es in Ruhe, im unteren hat ein Erdstoß das Pendel in Bewegung versetzt. In Schwingungsrichtung löst ein Hebel die im Drachenmaul festgeklemmte Kugel aus, diese fällt in das bereitstehende Krötenmaul.

Der erste Seismograph der
Welt. Erfunden hat ihn Zhang
Heng im Jahre 132. Dieses
Modell, 1936 nachgebaut,
steht im Museum für Wissen-
schaft und Technik in Bejing
(Peking)

menschlicher Geschichte hin. Diesem spannenden Krimi ohne Ende ist ein besonderes Kapitel gewidmet (siehe Seite 86 ff.).

Erste Höhepunkte der Ingenieurskunst im modernen Sinne sind die Erfindungen des Archimedes und seiner Kollegen, die im Mittelmeerraum mechanische Wunderwerke entwickelten, über die wir heute noch staunen können: Maschinen, Automaten, angetrieben durch Federkraft, Hydraulik und Hebel – zu friedlichen und vor allem auch zu kriegerischen Zwecken.

Doch nicht nur in Mechanik, sondern auch in Chemie leisteten die Mittelmeervölker Erstaunliches. So bestrich Archelaos, Heerführer des griechischen Herrschers Mithridates, um 87 v.Chr. einen hölzernen Verteidigungsturm mit einer Alaunlösung, um ihn gegen die Brandgeschosse der angreifenden Römer zu imprägnieren.

Feuer war im Altertum eine der größten Gefahren für feste Siedlungen. Dem Archäologen Schliemann war nämlich bei seinen Ausgrabungen in Troja aufgefallen, daß zahlreiche, gut voneinander unterscheidbare verkohlte Schichten übereinanderlagen – Zeugen von verheerenden Bränden, die die Stadt wiederholt heimgesucht haben mußten.

Bis heute ist Feuer ein wichtiges Problem menschlicher Sicherheit geblieben. Die wichtigste Erfindung in diesem Bereich geht auf die Ingenieure des Mittelmeerraumes zurück: die Feuerspritze.

Sie wurde etwa 250 v.Chr. erfunden und erst achtzehn Jahrhunderte später in Europa weiter verbessert.

Auch zum Schutz vor einer anderen Naturgewalt ersannen findige Köpfe schon früh eine technische Einrichtung: Der erste Seismograph, eine Einrichtung zum Registrieren von Erdbebenstößen, datiert aus dem ersten Jahr der Yangjia-Dynastie (132 n.Chr.) in China. Die Einrichtung bestand aus einem Gefäß, in dessen Inneren ein Pendelgewicht so angebracht war, daß es, durch Erdstöße in Schwingungen versetzt, Kugeln fallen ließ; acht solche Kugeln waren in Drachenköpfen festgeklemmt, die rings um das Gefäß angeordnet waren. Unten sperrten gleichviele Kröten das Maul auf, um die herabfallenden Kugeln aufzufangen. Die Kugeln zeigten an, in welcher Richtung sich die Erdschwingungen bewegt hatten. Eine zeitgenössische Schrift berichtet dazu folgendes: «Eines Tages fiel einer Kröte die Kugel ins Maul, ohne daß jemand am Ort eine Erschütterung gespürt hätte. Alle Beamten waren ob dieser scheinbar ohne Ursache hervorgebrachten merkwürdigen Wirkung erstaunt. Doch kam einige Tage später eine Nachricht von einem Erdbeben in Longxi. Danach waren alle von der geheimnisvollen Wirkung des Instruments überzeugt.» Eine meßtechnische Meisterleistung, denn Longxi war fast siebenhundert Kilometer von der Meßstelle entfernt!

Schatzkammern für die Ewigkeit

Mumienmaske des Hor (=Osiris), vergoldet. Ptolemäische Zeit, 1. Jahrhundert v. Chr.

Während der Priester den Leichnam des Pharao Psusennes I (1045–994 v.Chr.) sorgfältig mit Balsamieröl einrieb, sprach er die folgenden Worte, die als Grabinschrift überliefert sind: «O Osiris Psusennes, empfange dieses Öl, empfange diese Salben! Empfange diese belebende Salbung, die Feuchtigkeit die aus Re kam, den Auswurf des Schu, den Schweiß, der aus Geb fließt, den Götterleib, der aus Osiris kam, die belebenden Säfte. Für dich, Osiris-Psusennes, kommt, für dich kommt das Öl, um seinen Leib zu salben.»

Nur ein unversehrter Körper, so glaubten die alten Ägypter, konnte im Jenseits weiterleben. Deshalb unternahmen sie alles, um den Leichnam für alle Zeiten zu konservieren.

Ein anderer Ritualtext beschreibt, was für das Wohlergehen des Königs im Jenseits außerdem erforderlich war: «O Osiris, du kommst, um deine goldenen Fingerhülsen zu erhalten; deine Finger sind aus purem Gold, deine Fingernägel aus Elektrum! Was aus der Sonne fließt, kommt zu dir, es ist der göttliche Leib des Osiris, wahrhaftig! Du wirst auf deinen Beinen gehen bis zur Wohnung der Ewigkeit, deine Hände werden für dich tragen bis zur Stätte der endlosen Dauer, denn du bist wiederbelebt durch das Gold, du bist mit neuen Kräften versehen durch das Elektrum. Das Gold wird dein Antlitz im Jenseits erleuchten, du wirst atmen dank des Goldes, du wirst hervorgehoben dank des Elektrums…»

Diese Methode der Jenseitsvorsorge schuf natürlich ein ganz besonderes Sicherheitsproblem: Wie war zu verhindern, daß all das Gold, Elektrum (eine Gold-Silber-Legierung), die Edelsteine, der Schmuck und der ganze Hausrat, den ein ägyptischer Herrscher mit in sein Grab nahm, in die Hände von Räubern fiel? Daß man ein Grab nicht für alle Ewigkeiten bewachen lassen konnte, war leicht einzusehen. Eine Lösung dieses Problems, Monument und Tresor zugleich, waren die Pyramiden.

Sie entstanden mit Beginn des alten ägyptischen Reiches, ab 2'700 v.Chr.: die Pyramide des Snofru in Dahschur, die des Cheops und des Chefren in Gizeh, um nur die größten zu nennen. Über fünfzig Pyramiden ließen die Pharaonen in den tausend Jahren des alten und des mittleren Reiches errichten.

Hier hofften sie ewige Ruhe zu finden und ihren umfangreichen Hausrat, den sie für ein standesgemäßes Leben im Jenseits für unabdingbar hielten, sicher verwahren zu können. Cheops hatte in seine Pyramide, die größte von allen, sogar ein dreiundvierzig Meter langes Boot schaffen lassen.

Platz war in der Wüste ja ausreichend vorhanden, und die Sklavenheere schafften es immer wieder aufs neue, die riesigen Monumente fertigzustellen. Nur wenige blieben unvollendet, wie etwa die Pyramide des Sechemchet in Sakkara.

Durch die Dutzende von Metern dicken Mauern aus tonnenschweren, fein behauenen und mörtellos gefügten Steinquadern ins Innere eindringen zu wollen, war aussichtslos. Doch die Gänge zu den Grabkammern blieben Schwachstellen des pharaonischen Sicherheitskonzepts. Sie mußten Grabräuber geradezu magisch anziehen, führten sie doch zu unermeßlichen Schätzen.

An sich hätten diese Gänge nach der Einbalsamierung der Mumie aufgefüllt werden können. Doch einen so endgültigen Abschied von der diesseitigen Welt ließ die altägyptische Theologie offensichtlich nicht zu. Außerdem hätten Bauarbeiten durch Lärm und Staub die Grabesruhe gestört, und unter die Arbeitssklaven hätten sich Grabräuber mischen können. Die Bauarbeiten mußten also vor dem Einzug des Pharao in seine letzte Behausung beendet sein. Nur gerade der Eingang wurde sorgfältig verkleidet.

Die ganze Verantwortung für die Sicherheit des toten Pharao und für seine Schätze lag in den Händen des Architekten. Seine Stellung im ägyp-

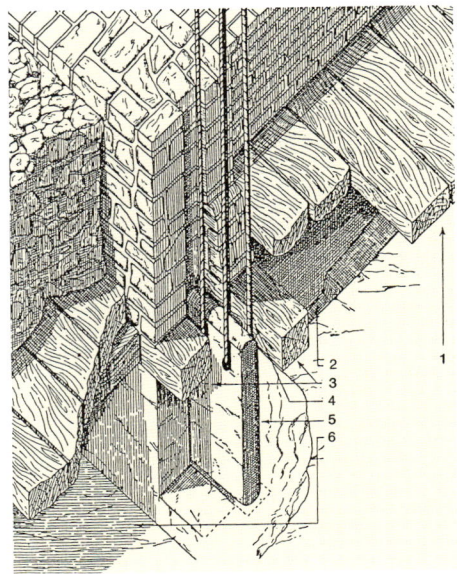

Steinernes Fallgatter, aufgehängt an Seilen, verbarrikadiert den Zugang zur Grabkammer in einer ägyptischen Pyramide. Ein Holzdach (1) befindet sich über der Treppe (2). Zwischen den hölzernen Türsprüngen (3) ist an Tragseilen (4) ein Steingatter (5) aufgehängt, das den Zugang zur Grabkammer (6) versperrt.

Die Cheopspyramide in Gizeh, Ägypten

In diesem schwer zugänglichen «Tal der Könige» in Theben (Oberägypten) errichteten die Pharaonen ihre Grabmäler, nachdem die Pyramiden ständig von Grabräubern geplündert worden waren.

tischen Hofstaat war entsprechend hoch. So galt Hem-junu, der Erbauer der Cheops-Pyramide, als zweitmächtigster Mann im Staat. Auch er ließ sich übrigens eine gewaltige Grabanlage bauen. Um Grabräuber irrezuführen, entwarfen die Erbauer der Pyramiden wahre Labyrinthe von Gangsystemen. Breite, gut ausgebaute Gänge endeten plötzlich blind oder in einer ganz auffällig getarnten Grabkammer. Hatten die Räuber dann mit viel Mühe die Kammer aufgebrochen, stellte sich heraus, daß sie leer oder mit wertlosen Kopien der Beigaben ausgestattet war. Der wahre Zugang bestand in einem schmalen, sehr gut versteckten Nebenstollen. Tonnenschwere Fallsteine versperrten den Weg, und zugemauerte Eingänge wurden mit Steinschutt bedeckt, unter dem eigentlich niemand eine Treppe hätte vermuten sollen.

Doch die Archäologen fanden, daß sich organisierte Einbrecherbanden schon vor Jahrtausenden zielsicher zu den Grabkammern vorgearbeitet hatten. So ist anzunehmen, daß sie mit Architekten oder Bauführern, die die geheimen Pläne kannten, gemeinsame Sache gemacht hatten.

Als Gegenmaßnahme finden sich in den späteren Pyramidenkammern nur noch Holzfiguren und Gebrauchsgegenstände; die wirklichen Kostbarkeiten gab man dem Pharao in den Steinsarg mit. Eher ins Reich der Legende gehört wahrscheinlich die Vermutung, die alten Ägypter hätten um die Gifte gewußt, die sich bei der Zersetzung von Leichen entwickeln, und diese deshalb durch luftdichtes Abschließen der Grabkammer zu einer tödlichen Giftfalle für Räuber gemacht. Wenn es einen solchen «Fluch der Pharaonen» gab, dann war er wahrscheinlich unbeabsichtigt. Wirksam war er offensichtlich nicht.

Denn schon während des alten Reiches, erst recht aber in Perioden geschwächter Staatsmacht, wurden die meisten Pyramiden geplündert. Im fünfzehnten vorchristlichen Jahrhundert suchten die Könige Amenophis, Thutmosis und die Königin Hatschepsut nach anderen Wegen, ihr Leben im Jenseits zu sichern: Sie verlegten ihre Grabstätten in das «Tal der Könige» im oberägyptischen Theben. Eine unwirtliche Steinwüste, fern von Siedlungen und Ackerland. Irgendwo unter den Felsblöcken der Geröllhalden befanden sich die Zugänge zu den Grabanlagen. Kein Hinweis ließ auf ihre Lage schließen. Trotzdem blieben nur wenige unentdeckt und unversehrt.

Im Mittelalter entwickelte sich die Grabräuberei in Ägypten zu einer regelrechten Industrie, als in Europa Mumienteile als Allheilmittel galten. Im Tal der Könige entstanden ganze Dörfer, deren wichtigste Einnahmequelle der Verkauf von Plündergut war.

In China, durch Zeitalter und Ozeane vom Tal der Könige getrennt, standen die Kaiser vor ähnlichen Problemen. Auch auf ihre Grabmäler hatten es Räuber abgesehen. Deshalb ließ Kaiser Shi-huang-ti — er regierte von 221 bis 209 v.Chr. — den Zugang zu seinem Grab mit einer automatischen Armbrustfalle sichern. Auch dieser «Krimi» ist eine Geschichte mit Fortsetzungen. Die Grabräuber pflegten sich nämlich derart gesicherten Gräbern nur mit einem langen Stock zu nähern.

Mit diesem schlugen sie auf den Boden, um den versteckten Abzugmechanismus zu betätigen. Der Schuß ging dann, war die Stange lange genug, ins Leere.

Um diesen doch ziemlich naheliegenden Trick auszuschalten, gingen die chinesischen Erfinder einen Schritt weiter. Sie stellten eine ganze Batterie von Armbrüsten auf, alle mit derselben Auslöseschnur verbunden. Wer sich jetzt mit der Stange vortastete, wurde von einem tödlichen Pfeilhagel eingedeckt.

Die mechanischen Künste, hier zu Sicherungszwecken benutzt, konnten ebenso gut dazu dienen, bauliche Sicherheitsmaßnahmen zu überwinden. Doch davon später. Nicht nur in China, sondern auch im Mittelmeerraum stand die Mechanik zur Zeitenwende in einer wahren Hochblüte. Sie brachte eine epochemachende Erfindung im Kampf gegen eine alte Gefahr hervor: die Feuerspritze.

Chinesische Grabräuber nähern sich einem Kaisergrab. Sie vermuten eine Armbrustfalle; der Vorderste versucht deshalb mit einem langen Stock die Stolperschnur vorzeitig auszulösen. Doch der Ingenieur hat an diesen Trick gedacht und so viele Armbrüste aufgestellt, daß die ganze Räuberschar von einem Pfeilhagel überschüttet wird. Zeichnung aus Ch'öng Tsung-yu: Chüeh-chang hsin-fa (Methode des Bogenspannens mit Niederknien).

Hebelkraft und Hydraulik

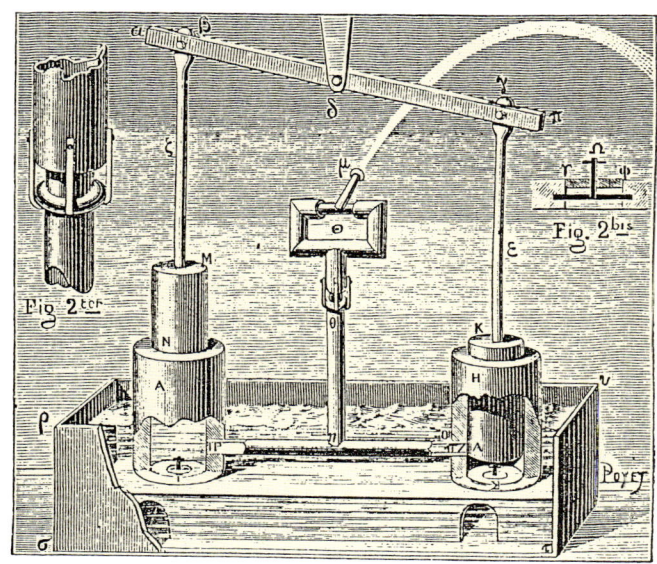

Pumpe des Ktesibios in einem mittelalterlichen Kupferstich. Die beiden Zylinder stehen in einer wassergefüllten Wanne. Die Kolben saugen abwechslungsweise von unten her durch ein Ventil Wasser an und drücken dieses durch ein Steigrohr nach oben. Die eckige Einrichtung am oberen Ende dieses Steigrohrs ist ein Wendrohr, um den Wasserstrahl gezielt auf den Brandherd zu richten. Flexible Schläuche waren damals offenbar noch nicht bekannt.

«Zwei gleiche Zylinder werden in geringem Abstand voneinander angebracht. Sie besitzen Röhren, die sich gabelförmig vereinigen und in einen in der Mitte liegenden Kessel münden. In diesen Kessel werden an der oberen Öffnung der Röhren Ventilklappen eingesetzt und sorgfältig befestigt. Diese verschließen die Mündungen und lassen das, was durch den Luftdruck in den Kessel hineingepreßt ist, nicht wieder zurückfliessen. Von oben her in die Zylinder eingesetzte, glattgedrehte und eingeölte Kolben setzen mittels Kolbenstangen und Hebeln die Luft und das Wasser in Bewegung. So wird aus der Tiefe, nachdem man den Apparat in einen Wasserbehälter gestellt hat, ein hochspringender Wasserstrahl erzeugt.»

Diese Patentbeschreibung, leicht gekürzt, stammt aus dem Jahre 24 v.Chr. Verfaßt hat sie nicht der Erfinder, sondern der römische Baumeister und Kriegsingenieur Marcus Vitruvius Pollio. Im zwölften Kapitel des zehnten Bandes seiner Abhandlung «De architectura» (über die Baukunst) widmet er sich ausführlich den mechanischen Künsten der ägyptischen Ingenieure.

Alexandria, die Stadt im Nildelta, war zu jener Zeit so etwas wie das Silicon Valley der Antike, das Weltzentrum der Hochtechnologie. Vitruvius, Vertreter der römischen Besatzungsmacht, interessierte sich natürlich brennend für die Wissensschätze, die in der weltberühmten Bibliothek von Alexandria lagerten, und übersetzte sie ins Latein. Was Vitruvius in der erwähnten Abhandlung beschrieb, war eine zweizylindrige Kolbenpumpe. Erfunden hatte sie mehr als zweihundert Jahre zuvor Ktesibios, Mitglied der renommierten Schule der alexandrinischen Mechaniker.

Der ganze Mittelmeerraum machte eine für damalige Zeiten rasante technologische Entwick-

> Das brennende Troja in einem Gemälde von Jan Brueghel d. Ä. (1568–1625). Im Hintergrund rechts sieht man das Trojanische Pferd, durch das feindliche Truppen trotz schärfster Sicherheitsvorkehrungen in die Stadt gelangen konnten.

lung durch: In Syracus auf Sizilien wirkte Archimedes, dessen bahnbrechende Entdeckungen wie etwa die Hebelgesetze noch heute gewürdigt werden. Archimedes konstruierte unter anderem Katapulte, mit denen die Kriegsherren feindliche Befestigungen angreifen konnten. Neben schweren, durchschlagenden Geschossen schleuderten diese Maschinen auch Brandfackeln. Dies wiederum rief auf Verteidigungsseite nach wirksamen Löschmaßnahmen. Die Grundlagen dazu hatte Ktesibios mit der erwähnten Pumpmaschine gelegt. Die Zylinder waren aus Bronze gegossen und innen glattgeschliffen, die Kolben ebenfalls aus Bronzeguß, auf der Drehbank gedreht und mit Schleifmitteln nachbearbeitet.

Die Originalschriften von Ktesibios sind leider schon im Altertum verlorengegangen — vielleicht bei dem verhängnisvollen Brand der Bibliothek von Alexandria. Vitruvius spricht in seiner Abhandlung von Luft- und Wasserdruck, womit er einen Windkessel gemeint haben könnte.

Will man mit einer Pumpe einen Druckstrahl erzeugen, ist ein Windkessel unabdingbar. Er besteht aus einem abgeschlossenen, luftgefüllten Behälter. Die Luft, durch das geförderte Wasser zusammengepreßt, dehnt sich zwischen den einzelnen Pumpenhüben, in denen kein Wasser gefördert wird, wieder aus. So entsteht ein kontinuierlicher Wasserstrahl.

Als Erfinder der Kolbenpumpe mit Windkessel gilt allgemein Heron von Alexandria, der vermutlich im ersten Jahrhundert n.Chr. lebte. Von Heron stammt auch die erste Feuerspritze. Er verwendete dazu im wesentlichen die Kolbenpumpe des Ktesibios mit Windkessel und rüstete diese mit einem dreh- und neigbaren Wendestrahlrohr aus und verbesserte den Ventilmechanismus.

Wie wirksam diese Feuerspritze war und ob mit ihr tatsächlich Brände bekämpft wurden, wissen wir nicht. Einige Hinweise gibt es immerhin. Der damalige Fachausdruck für die Heronsche Spritzmaschine war «Siphon». Und der Feuerwehrhauptmann der römischen Sicherheitskräfte, der *cohortes vigilium,* trug den Titel «Siphonarius». Von Plinius dem Jüngeren ist ein Augenzeugenbericht des Vesuvausbruches von 79 n.Chr. überliefert, der die Stadt Pompeji zerstörte. Plinius

schrieb in einem Brief an den Kaiser Trajan: «Der Brand griff aber soweit um sich, teils wegen des heftigen Windes, teils wegen der Lässigkeit der Leute, die wie zur Genüge bekannt ist, untätig und unbeweglich als bloße Zuschauer bei diesem so großen Unglück dastanden. Überdies befand sich in der ganzen Stadt keine Feuerspritze *(nullus sipho),* kein Löscheimer, überhaupt kein Werkzeug, um dem Brande Einhalt zu gebieten.»

Auch die Archäologen haben keine einzige Pumpe aus römischer Zeit mit Windkessel gefunden, die sich also als Feuerspritze verwenden ließ. Das will nicht viel besagen, denn Pumpen wurden vor allem zur Versorgung mit Trinkwasser und zur Speisung der Bäder verwendet. Und zu diesen Zwecken war kein Windkessel nötig. Auch bauten die Römer, technisch nicht so gut beschlagen wie die Alexandriner, ihre Pumpen meist nicht aus Bronze, sondern aus Holz. Die Bohrung des Holzzylinders wurde mit Blei ausgekleidet, die Ventilklappen bestanden ebenfalls aus Blei. Verhängnisvoll war dabei übrigens, daß die Römer um die Giftigkeit des Bleis nicht wußten.

Auch das römische Recht, das *corpus iuris civilis,* enthält in diesem Zusammenhang eine interessante Bemerkung. So schrieb Ulpianus, ein Rechtsgelehrter im dritten Jahrhundert n.Chr., daß der *sipho* zu den Geräten des Hauses gehöre, die bei einem Hausverkauf folglich vom neuen Besitzer mit übernommen würden.

In den Jahrhunderten, die dem Zusammenbruch des römischen Reiches folgten, geprägt durch die politischen und sozialen Umwälzungen der Völkerwanderung, geriet die Feuerspritze schnell in Vergessenheit. Ihr war damit dasselbe Schicksal beschieden wie so vielen anderen Erfindungen auch. Als Ironie der Geschichte ist aus jener Zeit, dem 7. Jahrhundert, eine ganz andere Anwendung des «Siphon» überliefert. Als nämlich Konstantinopel von arabischen Flottenverbänden angegriffen wurde, schleuderten die Verteidiger eine Brandmasse, das berühmte «byzantinische Feuer», nicht nur mit Katapulten, sondern spritzten es auch mit Pumpen gegen die feindlichen Schiffe. Die Feuerspritze war zum Gegenteil ihrer ursprünglichen Verwendung geworden, zum Flammenwerfer.

Höllenhund
und Himmelsschlüssel

Der Schlüssel als Symbol geistlicher Macht – hier um das Böse in der Unterwelt einzuschließen. Als Himmelsschlüssel wurde er zum Symbol des Petrus, der nur Würdige ins Paradies eingehen ließ.

Als Orpheus, krank vor Liebe, seiner Eurydike in die Unterwelt folgte, würdigte ihn Cerberus, der dreiköpfige Höllenhund, kaum eines Blickes. Eintreten ließ er jeden Menschen, hinaus jedoch keinen. Da der griechische Held seine Geliebte wieder zu den Lebenden zurückholen wollte, stand ihm also eine äußerst schwere Bewährungsprobe bevor. Er hätte sie auch beinahe bestanden, weil Orpheus mit seinem Lautenspiel den ganzen Hades bezauberte und Cerberus die Order hatte, den Musiker und seine Begleiterin austreten zu lassen. Als er sich jedoch nach seiner Eurydike umschaute, was er nicht hätte tun dürfen, holte Götterbote Hermes die Geliebte wieder zurück – diesmal für immer.

Aus dem Jenseits ist noch nie ein Mensch nachweislich zurückgekehrt. Diese Tatsache erklärten sich die alten Griechen damit, daß die Unterwelt, der Hades, offenbar sehr gut bewacht sein müsse. Von einem Wesen, dem nichts entgehen durfte, und das von frühmorgens bis nachts und wieder bis zum Morgengrauen wachte, Tag für Tag, Jahr für Jahr, Epoche um Epoche. Ein solches Wesen konnte nichts anderes sein als das Urbild der Wachsamkeit, ein Hund. Seine drei Köpfe entsprechen, technisch ausgedrückt, der erforderlichen Redundanz: Einer war stets wachsam, der andere konnte schlafen, und der dritte war zur Sicherheitsreserve da.

Wachsamkeit ist das älteste Prinzip der Zutrittskontrolle. (Wer sich im Hades aufhielt, dem war der Zutritt zur Welt der Lebenden für immer verwehrt.) Doch dies ist, wenn man keinen dressierten Höllenhund besitzt, sehr aufwendig. Zu allen Zeiten konnten sich nur sehr Begüterte Wachpersonal leisten, das Befugten freien Zutritt gewährte und ihn den übrigen verwehrte.

Dieses Problem stellte sich der Menschheit seit Beginn des Ackerbaus und der Seßhaftigkeit. Wer gesät und geerntet hatte, konnte keinesfalls dulden, daß ein anderer sich an den Früchten seiner Arbeit gütlich tat.

Die Lösung dieses Problems, eine technische Form der Zutrittskontrolle, hat sich bis heute bewährt: Schloß und Schlüssel. Es ist eine Geschichte, die sich durch Jahrtausende menschlicher Kultur zieht, spannend zu lesen wie ein Kriminalroman. Doch davon später (siehe Seite 86). Schlüssel hatten seit je nicht nur technische, sondern auch magische und sakrale Bedeutung. Diese hat sich als feierliche Zeremonie der Schlüsselübergabe (auf Samtkissen, begleitet von Blasmusikklängen) bis heute erhalten.

Kein Wunder, daß die Unterwelt-Götter und -Göttinnen der alten Griechen, Römer, Perser und Ägypter – Pluto, Aiakos, Hekate, Persephone, Anubis – immer ihre Schlüssel bei sich trugen. Der Schlüssel verlieh die Macht, zu öffnen und zu verschließen.

Auch in christlichen Jenseitsvorstellungen spielt der Schlüssel eine entscheidende Rolle. Petrus, als Verwalter der Himmelstür, läßt nur Würdige ins Paradies eintreten. Die anderen schickt er zurück – nicht dorthin, wo sie hergekommen sind, sondern ins Inferno. In den Bildern, die Dante so eindrucksvoll beschrieben hat – «Lasciate ogni speranza, voi ch'entrate...» – findet sich die Vorstellung des griechischen Hades wieder.

Petrus' Himmelsschlüssel ist in der Bibel bereits im Alten Testament angedeutet. Der Prophet Jesaia beschreibt im zweiundzwanzigsten Kapitel, Vers zweiundzwanzig, einen Schlüssel des Messias zum Hause Davids, «daß er auftue und niemand zuschließe, daß er zuschließe und niemand auftue». Die Evangelisten des Neuen Testaments bezogen diese Stelle auf Jesus, und als den Schlüssel betrachteten sie das Kreuz, mit dem Jesus den Himmel geöffnet hatte. Im Bart der alten, handgeschmiedeten Schlüssel war ja oft deutlich die Form des Kreuzes zu erkennen, was den Evangelisten wohl ein zusätzlicher Hinweis war.

Petrus (mit Schlüssel) und Maria in einer katalanischen Darstellung anfangs des 12. Jahrhunderts.

Die Schlüsselgewalt des Petrus legitimiert sich durch eine Stelle aus dem sechzehnten Kapitel des Matthäus-Evangeliums. Jesus überreicht dem Petrus die Schlüssel des Himmelreiches mit den Worten, die im neunzehnten Vers überliefert sind: «Alles, was du auf Erden binden wirst, soll auch im Himmel gebunden sein, und alles, was du auf Erden lösen wirst, soll auch im Himmel los sein.»

Im dritten Jahrundert ging diese Schlüsselgewalt an den jeweiligen Nachfolger Petri über, an den Papst. Seither führen die Päpste den Schlüssel in ihrem Wappen.

Um Schloß und Schlüssel ranken sich zahlreiche Heiligenlegenden. So soll Petrus seine Himmelsschlüssel kirchlichen Würdenträgern übergeben haben, die daraufhin Wunder vollbringen konnten. Zu ihnen gehören die Heiligen Servatius, Bischof von Tongern, und Hubertus, Bischof von Lüttich. Der spätere Schutzheilige der Jäger vermochte mit der Binde- und Lösegewalt des Petrus nicht nur Tollwut, sondern auch Epilepsie zu heilen. Daher stammt auch der frühere Brauch, Epileptikern beim Anfall einen Schlüssel in die Hand zu drücken.

Als der Heilige Benno im elften Jahrhundert von Heinrich dem Vierten als Bischof von Meißen abgesetzt wurde, gab er den Schlüssel zum Dom einigen Getreuen, die ihn in die Elbe werfen sollten, wenn der Kirche Gefahr drohe. Dies geschah. Als Benno, als Bischof wieder eingesetzt, 1088 nach Meißen zurückkehrte, soll ihm ein Fisch gebracht worden sein, an dessen Flosse der Domschlüssel hing.

Schlüssel symbolisierten nicht nur geistliche, sondern auch weltliche Macht. Ging ein Krieg verloren, mußte die Regierung der unterlegenen Partei dem Sieger den Schlüssel des Burg- oder Stadttores übergeben. Auch in friedlichen Zeiten markierte die feierliche Schlüsselübergabe den Übergang der Herrschaft von den alten zu den neuen Machthabern. Dabei huldigte das Volk seinen neuen Fürsten.

Für die fürstlichen Schlüssel war der Kämmerer verantwortlich, eines der höchsten Ämter bei Hofe. Der Kämmerer empfing Bittschriften und arrangierte Privataudienzen, war bei Reisen Be-

Der Papst mit dem Zeichen himmlischer Schlüsselgewalt an der Spitze der geistlichen Hierarchie, in einem Holzschnitt aus dem Jahre 1546.

Eine belagerte Stadt ergibt
sich, indem der besiegte Anführer dem Sieger die Stadt-
schlüssel überreicht. Lavierte
Federzeichnung von Joachim
Antonisz Wtewael
(1566–1638).

gleiter und Gesellschafter des Fürsten, reiste als
Gesandter auch im Auftrag seines Herrn zu frem-
den Fürstenhöfen, um Nachrichten, Gratulations-
oder Kondolenzschreiben zu überbringen. Als
Zeichen seiner Macht trug er den fürstlichen
Schlüssel an einer Schnur über die Schulter. Im
Laufe der Jahrhunderte entwickelte sich der
Schlüssel schrittweise vom Gebrauchsgegen-
stand zum Abzeichen der Kämmerertracht: im
siebzehnten Jahrhundert zierte er, aus massivem
Silber gefertigt, zwischen goldenen Knöpfen ein
Band an der rechten Hüfte des Kämmerers, im
achtzehnten Jahrhundert war er nur noch ein
Symbol aus vergoldeter Bronze, mit dem man
keine Tür mehr aufschließen konnte.

Im Volksglauben des Mittelalters schützten
Schlüssel vor Hexen und Teufeln, vor dem bösen
Blick, vor Krankheit, Feuersbrunst und Dieben.
Magie und Wirklichkeit gingen also fließend ineinander über. Denn vor Dieben vermochte ein
Schlüssel sehr wohl zu schützen, auch ohne jeden
Zauber. Doch der mittelalterliche Mensch erlebte
das Gefühl, das ihm ein sicher am Bund verwahr-
ter Schlüssel vermittelte, als eine magische Wirkung, von der er glaubte, sie vermöge Diebe zu
«bannen».

Wollte ein deutsches Mädchen wissen, aus welcher Gegend der künftige Bräutigam stammte,
warf es in der Christnacht ihre Schlüssel an die
Haustür. Schlugen dann bei dem entstehenden
Lärm Hunde an, dann würde der Zukünftige einmal aus derselben Richtung kommen wie das
Hundegebell.

Vor der Entbindung pflegte man sämtliche
Schlösser des Hauses aufzuschließen, um der
werdenden Mutter die Geburt zu erleichtern.
Dem Neugeborenen legte man den Hausschlüssel
in die Wiege. Das schützte vor dem bösen Blick.
Nach der Geburt hütete sich die Mutter sechs
Wochen lang, ein Schloß aufzuschließen. Sonst
bestand nämlich die Gefahr, daß das Kind später
zum Dieb wurde.

Wer keinen echten Schlüssel besaß, konnte sich
auch ein Schlüsselamulett um den Hals hängen –
Nachbildung eines legendären Schlüssels. Solche
Amulette wurden zum Beispiel als «Hubertus-»,
«Petrusschlüssel» usw. gehandelt. Besonders ge-

Herkules mit dem Höllenhund Kerberos (Cerberus) darge-stellt von einem Andokides-Maler auf einer Amphore um 510 v. Chr. Diese Vase ist im Pariser Louvre zu bewundern.

fragt war der «Reiner Gnadenschlüssel», ein Amulett des steirischen Zisterzienserklosters Rein. Wer sich vor epileptischen Anfällen schützen wollte, verfertigte sich einen schlüsselförmigen Anhänger aus Silberdraht, an dem auch Natternwirbel aufgereiht sein konnten.

Der Schlüsselbund war im Mittelalter ein Bestandteil weiblicher Trachten – sichtbares Zeichen der Schlüsselgewalt, die der Hausfrau besondere Rechte einräumte. Die Schlüsselgewalt erlaubte einer Hausfrau unter anderem, im Namen ihres Mannes Käufe zu tätigen. Verstarb er und hinterließ Schulden, dann konnte die Witwe dieses Erbe ausschlagen, indem sie ihre Schlüssel zusammen mit der Geldbörse auf das Grab ihres Mannes legte.

Die Tradition weiblicher Schlüsselgewalt reicht bis in griechisch-römische Zeit zurück; sie war bei den Germanen ebenso verbreitet wie bei den Wikingern. Die Braut erschien zur Hochzeitsfeier mit den Schlüsseln ihres neuen Hauses am Gürtel. Kam es zur Scheidung, mußte die Frau ihre Schlüssel dem Mann zurückgeben.

Eine kluge Hausfrau, so hieß es, müsse ihre Schlüssel auch im Ohr tragen, an ihrem Mund dagegen ein Schloß. Der Schlüssel als öffnendes und das Schloß als schließendes Prinzip finden sich im übertragenen Sinne in vielen Redensarten und allegorischen Darstellungen. So kommt das Schloß am Mund als Sinnbild der Verschwiegenheit schon in der Bibel vor. Und das Bild vom verlorenen «Slüzzelin», mit dem Minnesänger Walter von der Vogelweide sein verliebtes Herz beschrieb, hat auch nach Jahrhunderten nichts von seiner Kraft eingebüßt.

Figur einer weisen Frau. Mit dem Schlüssel schließt sie ihre Ohren auf, «daß sie thun hören Gottes Wort». Doch vor ihrem Munde trägt sie «ein Schloß Tag und Nacht und alle Stunde, auf daß er unnütz Red' vermeid und niemand nie sein Ehr' abschneid». Holzschnitt von Wolfgang Resch, Anfang 16. Jahrhundert.

Zünd lieber andre an!

Im alten Rom beschäftigte Kaiser Augustus eine Stadtgarde von sieben Kohorten mit je tausend Mann, die «Vigiles». Es ist die erste organisierte Feuerwehr, die geschichtlich überliefert ist, denn neben polizeilichen Aufgaben war auch die Bekämpfung von Bränden Sache dieser Truppe. Sie war für damalige Verhältnisse erstaunlich modern ausgerüstet: Neben Heronschen «Siphons» – den auf Seite 33 beschriebenen Feuerspritzen – verfügte die Mannschaft über Wasserbehälter, Einreißhaken und Leitern. Bei Neros großem Brand von Rom gelang es dieser Truppe, gemeinsam mit Bürgern, das Feuer am Fuße des Esquilinischen Hügels aufzuhalten.

In dieser ersten Feuerwehr waren schon die meisten Grundsätze moderner Brandbekämpfung praktisch verwirklicht. Um so erstaunlicher mutet an, daß daneben alte magische Vorstellungen vom Feuer als einer göttlichen oder dämonischen Macht weiterwirkten, einer Macht, die man mit Gebeten, Zaubersprüchen und Ritualen zu bannen suchte.

In Persien begründete Zarathustra um etwa 800 v.Chr. eine Religion, die dem Feuer eine reinigende Kraft zuschrieb – Ursprung der christlichen Vorstellung des Fegefeuers. Der persische Kult des Feueranbetens hat sich bei den Parsen, einer indischen Sekte, bis heute erhalten.

Auch die Juden, die sich ja von Gott kein Bildnis machen durften, betrachteten das Feuer als eine Erscheinungsform des Herrn. Die Bibel erzählt zahlreiche Geschichten davon: der brennende Dornbusch, aus dem Gott zu Mose redet, der Feuerwagen, in dem Prophet Elia fährt, das Feuer der Strafe, das über Sodom und Gomorrha regnet,

Moses vor dem brennenden Dornbusch. Domenico Fetti (1589–1623)

die drei Unschuldigen im Feuerofen, die nicht verbrennen, weil sie keine Strafe verdient haben.
Wer also Gott wohlgefällig sein wollte, brachte ein Brandopfer dar. Doch oft war das Feuer auch eine Plage. Als in Thabera das Lager der Israeliten brannte, überliefert im vierten Buch Mose, «da schrie das Volk zu Moses, und Moses bat den Herrn. Da verschwand das Feuer.»
Auf diesen Vorfall geht die komische Feuertellerverordnung (siehe Seite 21) des sächsischen Landesfürsten zurück. Das ist eine lange Geschichte. Sie beginnt damit, daß die Juden mit den Worten des Moses ein Feuerlöschritual begründeten. Anfänglich benützten sie dazu die Worte aus der Heiligen Schrift, später verkürzte sich die Formel und wurde zu einem Geheimwort, AGLA, dessen Bedeutung nur Eingeweihte kannten. Es besteht aus den Anfangsbuchstaben des Satzes «Attah Gibor Leolam Adonai – Du bist stark in Ewigkeit, Herr». Später zeichnete man dazu einen Davidsstern, den man mit den vier Buchstaben versah. Dieser Brauch hielt sich über Jahrhunderte, und es ist derselbe Davidsstern und es sind dieselben vier Buchstaben, die sächsische «Feuerlöschteller» schmückten.
Neben dem Geheimwort AGLA schrieb man auch der sogenannten Satorformel eine Wirkung gegen Feuer zu. Die Formel ist ein magisches Quadrat mit der Inschrift SATOR AREPO TENET OPERA ROTAS, die man in allen Richtungen, von links und rechts, von oben und von unten lesen kann. Auch diese Formel sprach man zur Beschwörung oder schrieb sie auf Papier oder auf einen Teller und warf diese ins Feuer. In den Worten der Satorformel ist ein gewisser Sinn erkennbar, wenn auch nur dunkel und verschleiert. Wie es sich für eine Geheimformel gehört, hilft eine wörtliche Übersetzung nicht viel weiter : «Der Sämann hält dem Herankriechenden mit Mühe die Räder.» Der oder das «Herankriechende» kann im übertragenen Sinne auch das Unheil bedeuten, das auf den Menschen zukommt und ihn bedroht. Der Sämann steht für Gott, der das Unheil abwendet. Seinen Namen (lateinisch PATER NOSTER, unser Vater), kann man im magischen Quadrat lesen, wenn man in Rösselsprüngen wie auf einem Schachbrett von Quadrat zu Quadrat

Feuerteller aus der Umgebung von Kötzing im Bayerischen Wald, 1733. Die Inschrift bildet das folgende magische Quadrat, und wenn man den fettgedruckten Buchstaben in Rösselsprüngen folgt, ergibt sich das lateinische Wort PATER für (Gott)Vater :

S	**A**	T	O	R
A	R	E	**P**	O
T	E	N	E	T
O	P	**E**	R	A
R	O	T	A	S

Der Heilige Florian mit polnischer Fahne. Kolorierter Holzschnitt, Mitte 19. Jahrhundert.

hüpft. Die Räder könnten einen Wagen bedeuten – den Feuerwagen? Was auch immer die Worte bedeuten mögen, später ersetzte man sie oft durch andere, die einen deutlicheren Sinn ergaben, auch wenn man sie dann nicht mehr von allen Seiten lesen konnte.

Die Sachsen, wie alle germanischen und nordischen Völker, kannten zahlreiche Segenssprüche, die Gefahren abwenden sollten. In Siebenbürgen sagte man gegen Feuer folgenden Spruch: «Maria ging durch einen grünen Wald. Da fand sie einen glühenden Brand. Aufnahm sie den glühenden Brand und sprach: Feuer, du sollst gelöscht sein, ohne Wasser, ohne Wein. In des wahren Herrn Jesu Christi seinem Namen! Amen.» Volkskundlich sind solche Sprüche äußerst interessant, weil sie etwas über die Verwandtschaft der einzelnen Völker aussagen. Die Überlieferung sorgte natürlich für zahlreiche Entstellungen und Mißverständnisse. So verwendete man in Dänemark einen ursprünglich in Latein abgefaßten Spruch als Feuersegen, und niemand merkte, daß der Spruch eigentlich vor dem Biß eines tollwütigen Hundes schützen sollte.

Die Folter- und Hinrichtungsmethoden für religiöse Märtyrer, die später zu Heiligen wurden, waren eine weitere Quelle von Feuerlösch-Sprüchen. So starb Agatha, mit glühenden Zangen gefoltert und mit glühenden Kohlen überschüttet, im dritten Jahrhundert auf Sizilien. Als, lange nach ihrer Heiligsprechung, einst der Ätna ausbrach, hielt man dem Lavastrom einen Schleier der Agatha entgegen, der als Reliquie aufbewahrt wurde. Der Lavastrom soll danach zurückgewichen sein. Auch Täfelchen mit der Leidensgeschichte der Feuerheiligen sollen bei Feuersbrünsten geholfen haben.

Weitere Feuerheilige sind die Katharina, als christliche Jungfrau einst von einem heidnischen Kaiser zur Frau begehrt und verbrannt, da sie ihn abwies; die Barbara als Schutzheilige der Artilleristen, Waffenschmiede und Bergleute (daher die Bezeichnung «la sainte Barbe» für die Pulverkammer in französischen Kriegsschiffen); Laurentius, der vor allem gegen Brandwunden helfen soll, und natürlich Sankt Florian, der durch das nicht gerade nachbarfreundliche Gebet «behüt mein

Haus, zünd lieber andre an» sprichwörtlich geworden ist.

Am 10. Juni 1714 wurden in Preußen sechs Zigeuner gehängt. Eine Woche später sollte auch ihr Oberhaupt, ein achtzigjähriger Greis, hingerichtet werden. Doch an jenem Tag brach eine Feuersbrunst aus, wie ein 1715 in Königsberg gedrucktes Flugblatt berichtet. Der Zigeunerkönig, wie er auf dem Flugblatt genannt wird, bannte das Feuer mit einem Zauberspruch und erhielt dafür die Freiheit. Die Geschichte mit dem Zigeunerkönig scheint nach Ansicht der Historiker ein Werbetrick gewesen zu sein, um den Zettel mit dem angeblich so wirksamen Zauberspruch verkaufen zu können. Der Spruch lautete:

«Biß mir willkommen, feuriger Gast, greiff nicht weiter, den du hast gefaßt, im Namen Gottes des Vaters, der uns erschaffen hat, im Namen Gottes des Sohnes, der uns erlöset hat, im Namen Gottes des heiligen Geistes, der uns geheiliget hat! Feuer, ich gebiete dir bey Gottes Krafft, daß du wollest stille stehen, so wahr als stille stundt Christus am Jordan…»

Der Spruch umfaßte sechs Strophen und soll auf altindische oder ägyptische Zigeuner-Ursprünge zurückgehen, was Historiker allerdings bezweifeln. Während der Feuerbanner den Spruch betete, griff er hinter sich, nahm eine Handvoll Erde und warf sie ins Feuer. In der Schweiz kannte man auch eine andere «Löschmethode», man warf drei Stücke Brot ins Feuer. Auch mit Stockschlägen hoffte man das Feuer wie ein wildes Tier zurückscheuchen zu können.

In England besprengte man Glocken mit Weihwasser und salbte sie mit Öl; ihr Läuten sollte bei einem Brand das Ausbreiten des Feuers verhindern.

Die Tatsache, daß kein solcher Zauber je ein Feuer wirklich gelöscht hat, hinderte die Menschen nicht daran, immer wieder zu solchen Mitteln zu greifen. Dazu mag die Macht der Kirche wesentlich beigetragen haben, die angebliche Hexen im läuternden Feuer sterben ließ und von der Kanzel immer wieder verkündete, der Mensch dürfe nicht in Strafgerichte Gottes eingreifen. Zu diesen Strafgerichten zählte, nach dem Vorbild von Sodom und Gomorrha, hauptsächlich das Feuer.

Gott läßt Feuer und Schwefel auf Sodom regnen. Kupferstich von Matthäus Merian zu der Bibel von Martin Luther, Strassburg 1630.

St. Florian als Helfer bei einer Feuersbrunst. Holzschnitt von H. L. Schäuflin aus dem 16. Jahrhundert.

Feuerprobe in einer Miniatur aus einer Klosterhandschrift des 12. Jahrhunderts: Der Beschuldigte muß ein glühendes Eisen anfassen. Bleibt seine Hand heil, ist er unschuldig.

Wasserprobe: Der Beschuldigte wird gefesselt in die Fluten geworfen. Ertrinkt er nicht, ist er unschuldig.

Wenn sich auch Segenssprüche gegen lodernde Flammen als wirkungslos erwiesen, so sprach doch nichts dagegen, sie zur Vorbeugung einzusetzen. Man mauerte beim Hausbau Talismane ein, man schnitzte Segenssprüche in Tür- oder Fensterbalken oder steckte sie, auf einen Zettel geschrieben, zwischen die Dachsparren.

Wer möchte heute noch für solche Brandverhütung die Hand ins Feuer legen? Diese Redensart stammt übrigens aus einer Zeit, in der sogenannte Gottesurteile darüber entscheiden sollten, ob jemand schuldig oder unschuldig war. Das bekannteste Gottesurteil war die Feuerprobe, und wenn heute jemand «die Feuerprobe bestanden» hat, dann hat er oder sie etwas ganz besonderes geleistet.

Was in unserer modernen Welt nur noch in der Sprache weiterlebt, war früher harter Alltag in einer Gerichtspraxis, die in den meisten Fällen darauf hinauslief, daß Angeklagte grundsätzlich immer schuldig sind, es sei denn, Gott selbst beweise das Gegenteil. Gottesurteile waren in fast allen Kulturen verwurzelt, in der Dritten Welt sind sie zum Teil noch heute gebräuchlich. Neben der Feuerprobe gab es auch die Wasserprobe (Unschuldige ertrinken nicht), die Giftprobe (Unschuldige werden nicht krank) und viele andere Tests. So hatte sich zum Beispiel ein Mordverdächtiger auf die Bahre neben die Leiche des Opfers zu legen. Begannen dessen Wunden zu bluten, war der Angeklagte der Mörder.

Bei der Feuerprobe mußte der Angeklagte seine Hand ins Feuer legen, glühende Eisen anfassen, über glühende Kohlen, durch Flammen oder über neun glühende Pflugscharen gehen. Erlitt er Verbrennungen, war er schuldig, blieb er unverletzt, war er unschuldig. Oft wurde die Probe noch dadurch erschwert, daß der Angeklagte beim Gang durchs Feuer ein mit Wachs getränktes Hemd anziehen mußte.

Die kirchlichen und weltlichen Ankläger hatten natürlich auch ihre Tricks, um ab und zu einen Angeklagten als unschuldig durchgehen zu lassen. Dies war schon deshalb nötig, um den zahlreichen Zuschauern solcher Spektakel zu demonstrieren, daß die Probe tatsächlich etwas taugte;

dazu durfte ihr Ergebnis nicht von vorneherein feststehen.

Eine Stelle aus einem überlieferten altfränkischen Ritual ist in diesem Zusammenhang recht aufschlußreich: «Und alsobald trage der Angeklagte das Eisen über eine Strecke von neun Fuß. Sodann werde seine Hand drei Tage lang eingewickelt und versiegelt; und wenn nach Ablauf dieser Frist die Brandwunde sich verschlimmert hat, dann soll er als schuldig gel'ten; ist die Hand aber unverletzt, dann werde Gott gepriesen.»

Ob sich die Brandwunde «verschlimmert» hatte, entschied natürlich der Priester. Zur geistlichen Vorbereitung auf die Feuerprobe konnte der Priester einem Angeklagten auch durch allerlei Salben Erleichterung verschaffen. Überliefert ist zum Beispiel eine Mischung aus Eiweiß, Schleim aus Malven oder Eibisch und als Samen des Flöhkrautes, dazu Kalk und Rettichsaft. Vor dem Einreiben dieser Salbe wurde die Haut mit Essig gewaschen, um sie zu gerben und dadurch gegen Hitze widerstandsfähiger zu machen. Zu guter Letzt mochte der Geistliche dem Angeklagten vielleicht noch den guten Rat ins Ohr flüstern, das Eisen nur ganz sachte anzufassen, aber beim Gang über die glühenden Kohlen recht fest aufzutreten. Einem Sünder, von dessen Schuld er überzeugt war, versagte er natürlich diese Erleichterungen.

Gottesurteile entschieden nicht nur über Schuld oder Unschuld. Sie sollten gleichzeitig auch abschrecken. Diesem Motiv werden wir im folgenden Teil dieses Buches wieder begegnen. Er zeigt, daß auch Tiere und Pflanzen ihre Sicherheitsprobleme haben — und zu Lösungen kommen, die sich von denen des Menschen gar nicht so sehr unterscheiden.

Kapitel 3
So sichert sich die Natur

Diebe und Einbrecher
im Tierreich

Lehmwespe (Oplomerus
spinipes) beim Bau ihres Bio-
Tresors

<
Ein Krake (Octopus) hat sich
hinter einem Wall von Mu-
schelschalen in einer Höhle
verschanzt. Kraken sollen Muscheln überlisten können, indem sie einen kleinen Stein da-
zwischenschieben, sobald die
Muschel ihre Schalen einen
Spaltweit öffnet. Dieses Verhalten hat aber noch niemand
fotografiert oder gefilmt.

An heißen Sommertagen kann man an manchen
trockenen, sandigen Plätzchen kleine Wespen
beobachten, die durch Löcher im Boden verschwinden. Die Tierchen sind kaum größer als
Ameisen und genauso fleißig. Unermüdlich
scharren sie mit ihren Beinchen Sand aus dem
Loch, den sie anschließend Korn für Korn wegtra-
gen.
Ist diese Höhle fertig, schleppt die Wespe eine
Raupe hinein, die sie mit gezielten Stichen in die
Nervenzentren gelähmt hat. Auf diesen Vorrat an
Lebendfleisch legt sie ein Ei und verschließt dann
den Eingang zur Höhle sorgfältig, so daß er ebensowenig zu erkennen ist wie der Eingang eines
Pharaonengrabes im Tal der Könige. Doch was
Isis und Osiris nicht erfüllen konnten — hier geschieht es: Im Mausoleum keimt neues Leben.
Die Made der Sandwespe findet einen gedeckten
Tisch und frißt das Beutetier bei lebendigem Leib
auf. Seine Größe ist so berechnet, daß es erst tot
ist, wenn die Made satt ist und sich verpuppt, um
die zweite Hälfte ihres Lebens als Sandwespe zu
verbringen, Löcher zu graben und Raupen zu jagen.
Der französische Insektenforscher Jean-Henri
Fabre hat sich jahrzehntelang mit dem Verhalten
dieser kleinen Insekten befaßt. Bevor sie auf Jagd
gehen, bereiten sie ihre Höhle vor. Wenn sie ein
Beutetier gefangen haben, lassen sie dieses für
kurze Zeit liegen, fliegen zuerst zur Höhle und in-
spizieren sie. Ist sie noch intakt, dann kehren sie
zum Beutetier zurück und schleppen es in die
Höhle. Während der kurzen Abwesenheit kann es
vorkommen, daß Ameisen den Leckerbissen finden und darauf herumkrabbeln, wenn die Wespe

wiederkommt. In diesem Fall, so hat Fabre beobachtet, versucht sie ihre Beute nicht zu verteidi-
gen, denn eine Wespe gegen viele Ameisen ist
machtlos.

Auch ein Tier, das die alten Ägypter verehrten,
sorgt auf ähnliche Weise für seine Brut: der Ska-
rabäus. Er sammelt Mist, den er in Pillenform
dreht und in ein Erdloch befördert. In dem Mist
gedeihen seine Larven. Doch braucht er die Mist-
kugel nicht mit gleichem Aufwand zu sichern wie
die Sandwespe ihre Raupe, denn diese ist eben
für sehr viele «Diebe» attraktiver als eine «Mist-
pille».

Wer hat, dem kann genommen werden. Dieses
Prinzip zieht sich durch die ganze Naturge-
schichte. In seiner einfachsten Form lautet es:
Krebschen frißt Alge, Fischchen frißt Krebschen,
Fisch frißt Fischchen, Vogel fängt Fisch. Interes-
sant, daß wir Menschen diese Beziehung des
Fressens und Gefressenwerdens mit einem Aus-
druck aus dem Strafgesetzbuch bezeichnen:
Tiere, die andere Tiere fressen, heißen «Räuber».
Dabei kommt es aber weniger darauf an, was das
sogenannte Raubtier tut, als auf die Größe der
Beute. Ein Rotkehlchen pflegen wir nicht als
Raubvögelchen zu bezeichnen, obwohl es Insek-
ten fängt. Auch das kleine Spitzmäuschen, des-
sen Gebiß unter dem Mikroskop fürchterlicher
ausschaut als das eines Tigers, ist für allgemeines
Empfinden eher ein Kuscheltier als eine Bestie.
Juristische Begriffe sind im Tierreich also mit viel
Vorsicht zu genießen. Was Raubtiere tun, ist kein
Raub, sondern Tötung (mit dem Recht auf Frei-
spruch durch natürliche Umstände). Wegnahme
durch Gewalt, also Raub im Sinne menschlicher
Gesetze, ist im Tierreich viel seltener. Zum Beispiel
kann der oben erwähnte Vogel, der den Fisch gefangen hat, diesen an einen anderen Vogel verlieren, der ihn wegschnappt. Das kann einfacher
sein, als selbst einen Fisch zu fangen. Unter See-
vögeln gibt es denn auch solche, die sich auf diese
Art des Beuteerwerbs spezialisiert haben: die
Raubmöwen. Sie können selber nicht fischen,
sondern leben von Fischen, die sie anderen Vögeln abjagen.

Um das Risiko eines solchen «Entreißdiebstahls»
zu vermindern, schlucken viele Tiere ihre Beute

Das Panzernashorn (Rhinoce-
ros unicornis) ist mit einem
mächtigen Panzer vor angreifenden Raubtieren geschützt.

Auch kleine Tiere schützen
sich mit einer gepanzerten
Haut: hier zwei Zwerggürtel-
tiere. Bei Gefahr rollen sie sich
zu harten, glatten Kugeln ein.

Termiten schützen ihre Nester mit harten Bauten. Ameisenbären haben sich darauf spezialisiert, diese Bauten zu knacken und die Termiten mit ihrer klebrigen Zunge herauszuholen. Da es große und kleine Termitenbauten gibt, haben sich auch große und kleine Ameisenbären entwickelt. Hier ein kleiner (Cyclopes didactylus) bei seiner Mahlzeit.

erst einmal möglichst schnell hinunter — oft sogar am Stück. Nur was man gefressen hat, ist grundsätzlich vor Dieben sicher. Wer seine Beute nicht verschlucken kann, bringt sie in Sicherheit. Und wie beim Menschen sind auch in der Natur alle Sicherheitsmaßnahmen genau auf die Gefährdung abgestimmt.

Ermittelt beim Menschen ein Sicherheitsberater das Gefährdungspotential und die den zu schützenden Werten angemessenen Maßnahmen und Einrichtungen, so spielt in der Natur das Wechselspiel von Veränderung und Auslese und läßt die bestangepaßten Lebewesen am erfolgreichsten überleben. Ein Tier wird soviel Energie in Sicherheit investieren, wie die zu schützenden Werte erfordern, aber nicht mehr. Für die Sandwespe ist eine frischerbeutete Raupe zwar einiges wert, aber längst nicht soviel wie eine, auf die sie bereits ein Ei gelegt hat. Deshalb läßt sie die frische Beute im Stich, um erst einmal zu kontrollieren, ob ihr Versteck noch in Ordnung ist. Safety first. Denn ohne vorbeugende Sicherheitsmaßnahmen ist die kleine Wespenlarve später verloren.

Wenn also tierische und menschliche Sicherheitskonzepte in Grundzügen durchaus übereinstimmen, darf auch nicht überraschen, daß die Natur den Tresor gleich mehrfach erfunden hat. Und wo es Panzerschränke gibt, sind auch Panzerknacker nicht weit.

Wieder sind es die Insekten, die in dieser Beziehung Erstaunliches leisten. Ein bekanntes Beispiel sind die Termitenbauten. Ihre steinharte Oberfläche bietet den ameisenartigen Tierchen und ihrer Brut Schutz vor vielen Verfolgern. Doch Spezialisten wie Ameisenbär und Ameisenigel haben Einbruchwerkzeuge entwickelt — kräftige, scharfe Krallen an den Vorderpfoten — mit denen sie die Bauten aufkratzen. Anschließend holen sie die Termiten mit ihrer wurmförmigen, klebrigen Zunge aus den Gängen. Schimpansen gehen dagegen mit List vor: Sie stecken einen Pflanzenstengel in die Löcher, warten eine Weile und ziehen sie dann wieder heraus, mit einigen Termiten, die sich abwehrend darangeklammert haben.

Einen Tresor richtet sich auch die Mörtelbiene ein, eine einzeln lebende, räuberische Bienenart des

Mittelmeerraumes. Sie mischt aus Sand und ihrem eigenen Speichel eine Art Beton, aus dem sie kleine, kuppelförmige Gehäuse baut. Diese sind so fest, daß man ein Taschenmesser braucht, um sie zu öffnen. In diesem Bio-Tresor lebt die Made der Mörtelbiene relativ unbehelligt. Doch auch hier ist die Sicherheit nicht absolut. Denn bei heißem Wetter, wenn der Mörtel austrocknet, bilden sich feine Risse – groß genug, um ein winziges Würmchen einzulassen. Es ist die Larve des Trauerschwebers, eines fliegenartigen Insekts. Die Larve macht sich an die verpuppte Biene heran und mästet sich an ihr, bis auch sie sich in eine Puppe verwandelt. Der Trauerschweber, als feingliedriges Insekt, könnte sich niemals aus eigener Kraft aus dem Mörtelbau befreien. Diese Arbeit übernimmt deshalb die Puppe: Sie trägt an ihrem Kopf eine Art «Betonbohrer» aus sechs harten, halbkreisförmig angeordneten Zacken. Ihr Rücken ist mit zweihundert kurzen, harten Borsten bewehrt. Mit diesen verankert sie sich in der Wandung des Stollens, den sie mit ihrem Zakkenbohrer in die Wand treibt.

Panzerung ist immer dann ein beliebtes und sinnvolles Mittel, wenn direkte Verteidigung oder Flucht nicht möglich oder zu aufwendig ist. So schützen sich viele Tiere, die weder über kräftige Zähne, Klauen und Muskeln noch über schnelle Beine oder Flügel verfügen, mit einer Schale (wie Schnecken und Muscheln), mit Stacheln (wie Igel, Stachelschwein und der erwähnte Ameisenigel) oder mit einer Panzerhaut (wie Käfer, Schildkröten, Gürteltiere, Schuppentiere, Panzernashorn usw.).

Zu eigentlichen Panzerspezialisten haben sich die Muscheln entwickelt. Eine Doppelschale schützt ihr verletzliches Inneres mit den zarten Kiemen. Mit einem langsamen, aber äußerst kräftigen Muskel preßt die Muschel ihre beiden Schalen zusammen. Aber von Zeit zu Zeit muß sie neues Atemwasser schöpfen und öffnet dann die Schale einen Spalt weit. Der Tintenfisch Octopus, dessen Kräfte nicht ausreichen, die Schale zu sprengen, soll dann manchmal zu einem Trick greifen: Er schiebe in diesem Moment einen kleinen Stein zwischen die Schalen, worauf die Muschel, ihres Schutzes beraubt, zur leichten Beute werde. Dies jedenfalls berichtete der römische Gelehrte Plinius der Ältere. Später wollen dann einige Meeresbiologen diesen Trick ebenfalls beobachtet haben. Er ist durchaus plausibel, denn Octopus gilt als relativ intelligentes Tier und läßt sich auch leicht dressieren.

Du darfst – er nicht

Über den Zweig eines alten Nußbaumes krabbelt eine Ameise. An einer rundlichen Einbuchtung der Rinde verharrt sie, trillert dann mit den Fühlern auf diese Stelle. Plötzlich öffnet sich eine kleine runde Tür, gerade so groß, daß die Ameise eintreten kann. Kaum ist sie verschwunden, schließt sich die kleine, geheimnisvolle Tür wieder.

Die kleine Szene gehört zum Alltag der Pförtnerameisen, Camponatus truncatus. Sie bauen ihre Nester in hohlen Zweigen, deren Mark andere Insekten bereits ausgenagt haben. Die Soldaten der Pförtnerameise besitzen einen großen, vorn abgeplatteten Kopf, mit dem sie die Nesteingänge verschließen.

Bei allen sozialen Lebewesen stellt sich das Problem, Freund von Feind zu unterscheiden. Freunde dürfen ins Territorium oder ins Nest eintreten; Feinden sollte der Eintritt wenn immer möglich verwehrt bleiben. Die meisten Säugetiere verrlassen sich dabei hauptsächlich auf den Geruchssinn: Er verrät, wer den eigenen «Stallgeruch» besitzt und daher zutrittsberechtigt ist. Selbst der Mensch zeigt noch Überreste dieses Verhaltens. Sie leben in Aussprüchen fort wie: «Ich mag dich nicht riechen.»

In kleinen Gemeinschaften, in denen man sich persönlich kennt, spielen solche «übertragbaren» Zutrittsausweise eine untergeordnete Rolle. Jedes unbekannte Gesicht löst dort eine Abwehrreaktion aus. Um so wichtiger sind wirksame Kontrollsysteme bei Tieren, die in großen, anonymen Staatenverbänden leben – bei Bienen, Ameisen und Termiten. Jeder Insektenstaat bildet eine Familie von eng verwandten und auf Gedeih und

Ameisen verständigen sich mit raffinierten Duftsignalen. Sie dienen unter anderem dazu, Freund von Feind zu unterscheiden. Diese Ameisen gehören zur Gattung Chalcoponera.

Verderb miteinander verschworenen Individuen.
Fast ist man geneigt, den Staat selbst als Organis-
mus zu betrachten, so sehr geht dort das einzelne
Tier in der Gemeinschaft auf. Fremde Elemente,
die sich einschleichen oder die mit Gewalt einzudringen versuchen, werden deshalb mit allen ver-
fügbaren Mitteln bekämpft.

Nähert sich eine Ameise einem fremden Nestein-
gang, wird sie angegriffen, auch wenn sie derselben Art angehört. Ihr andersartiger Geruch verrät
sie. Doch es gibt Ameisenarten, die dieses Kon-
trollsystem unterlaufen. Die «Diebsameisen»
bauen ihre Nester unmittelbar neben den Nestern
größerer Ameisenarten. Die Gänge der Diebsameisen sind so eng, daß die größeren Ameisen
nicht eintreten können. Ähnlich wie Einbrecherbanden, die sich zum Tresorraum vorbuddeln,
treiben die Diebsameisen ihre Gänge bis ins Nest
der anderen vor. Die Nestgerüche vermischen
sich, und so können die Diebe sich unbehelligt in
den Gängen tummeln und ihren «Wirten» die
Nahrung wegschnappen. Werden sie verfolgt,
bringen sie sich in ihren engen Gängen in Sicherheit.

Im Bienenstock basiert die Zutrittskontrolle auf
einem ausgeklügelten Alarmsystem. Tausende
von Augen und Tausende von Geruchsorganen
sind ständig in Bereitschaft, Verdächtiges zu entdecken. Mit Signalen, die im einzelnen noch wenig erforscht sind, signalisieren die Bienen ihren
Stammesgenossinnen die Gefahr, und bald
summt der ganze Schwarm vor Aufregung und
stürzt sich auf den Eindringling.

Dennoch gelingt es einigen Tieren, diese Abwehr
zu überlisten. So dringt der Totenkopfschwär-
mer, ein großer Nachtfalter, unbehelligt in Bie-
nenstöcke ein und tut sich an den Honigwaben
gütlich. Wissenschaftler der Universität Würz-
burg haben sein Verhalten erforscht und entdeckt, daß der Nachtfalter bestimmte Laute aus-
stößt und damit vermutlich ähnliche Laute der
Bienenkönigin nachahmt. Auch die Wachsmot-
ten, die sich von Bienenwaben ernähren und
große Schäden anrichten, verständigen sich
untereinander mit «Klick»-Signalen und scheinen
damit gleichzeitig die Bienen irrezuführen.

Farbsignale im Korallenriff:
Jede Fischart trägt eine bestimmte «Uniform», die sich
markant von anderen unterscheidet. Da jede Fischart sich
auf eine bestimmte Nahrung
spezialisiert hat, sind verschie-
den gefärbte Fische keine Konkurrenten. Nähert sich aber ein
Gleichgefärbter, dann vertei-
digt jeder Fisch sein Revier.
Von oben nach unten: Gelber
Segelfisch (Zebrasoma flaves-
cens), Zackenbarsch (Promi-
crops lanceolatus), Blaupunkt-
rochen (Taeniura lymna).

Im Korallenriff spielen sichtbare Signale eine große Rolle. So sind die Putzerfische sehr auffällig weiß und rot gestreift. Diese «Uniform» signalisiert ihre Tätigkeit: Sie haben sich darauf spezialisiert, größeren Fischen die Hautoberfläche zu säubern und Speisereste zwischen den Zähnen zu entfernen. Taucht ein Putzer auf, dann öffnen die Großen bereitwillig ihren Rachen, um sich putzen zu lassen. Diesen Umstand haben Nachahmer ausgenützt. Sie sehen den Putzern täuschend ähnlich, doch sie besitzen kleine, scharfe Zähne, mit denen sie nicht putzen, sondern blitzschnell zubeißen.

Der schmale, längsgestreifte Putzerfisch erhält dank seiner «Uniform» Zutritt zu einem Blaumasken-Gauklerfisch, dem er die Haut von Parasiten befreit. Kleine, räuberische Fischchen, den Putzerfischen täuschend ähnlich, nützen dieses Vertrauen aus und beißen schnell zu, um ein Stück Haut zu erbeuten.

Achtung, das könnte gefährlich werden

Ein drückend heißer Nachmittag in der afrikanischen Savanne. Zwei Löwenkinder balgen sich um den halb abgenagten Knochen einer Antilope. Träg dösen die anderen Mitglieder des Löwenrudels im Gras: der Pascha mit seiner imposanten Mähne, die Weibchen, die halbwüchsigen Jungen. Sie alle sind satt. Zuerst sicherte sich der Chef seinen «Löwenanteil», erst dann kamen die Weibchen an die Reihe und ganz zum Schluß die Jungen. Dieses brutale Gesetz der Savanne hat seinen ökologischen Sinn, denn es sorgt dafür, daß nicht zuviele Löwen aufwachsen, wenn das Wild knapp wird.

Tiere anerkennen in der Regel keinen Besitz, sondern nur das Recht des Stärkeren. In der Gemeinschaft regelt meistens eine Rangordnung den Zutritt zu begehrten Gütern oder Sozialkontakten. Jede Rangordnung ist eine Art Konvention, die sich aus früheren Konflikten herausgebildet hat. Es hat keinen Sinn, immer wieder um Futter zu kämpfen, wenn der Ausgang des Kampfes vorhersagbar ist. So wird der Schwache dem Starken das Futter kampflos überlassen. Ist jedoch der Starke satt und der Schwache am Verhungern, dann wird dieser sich mit all seinen Kräften wehren, und der Starke wird nachgeben. Dieses Wechselspiel zwischen Stärke und Schwäche, zwischen Überlegenheit und Angst, zwischen Gleichgültigkeit und Mut der Verzweiflung bedient sich vielfältiger Signale, die das Zusammenleben der Tiere regeln. Rangordnung ist darin wohl ein wichtiger Faktor, aber bei weitem nicht der einzige.

Bei Affen haben Verhaltensforscher so etwas wie Respekt vor Besitz feststellen können. So beobachtete Jane Goodall bei Schimpansen im Gombe-Reservat, wie ein rangtiefes Männchen ein Beutetier erlegte und dieses später unter den Augen seiner ranghöheren Herdengenossen alleine verzehrte. Die Ranghöheren versuchten

Diese Schwebfliege (Gattung Syrphidae) sieht mit ihrer gelbschwarzen Wespenzeichnung gefährlich aus, ist in Wirklichkeit aber völlig harmlos.

ihm das Futter nicht wegzunehmen, sondern bettelten mit ausgestreckter Hand um einen Bissen. Der Zürcher Primatologe Hans Kummer beobachtete Ähnliches bei den Mantelpavianen in Äthiopien. Mantelpavian-Männchen scharen Haremsgruppen von Weibchen um sich, die sie eifersüchtig hüten. Kummer beobachtete wiederholt, daß rangtiefe Männchen größere Haremsgruppen führten als ranghohe. Er vermutete, daß die ranghohen Männchen diese Beziehungen respektieren, obwohl sie die Harems-Eigner in einer direkten Auseinandersetzung besiegen könnten. Diese Vermutung testete er in einem Experiment. Dabei gab er einem rangtiefen Männchen ein neues Weibchen ins Testgehege. Wenig später ließ er einen ranghohen Rivalen ins Gehege eintreten. Wenn der Rivale den Rangtiefen und das Weibchen vorher zusammen gesehen hatte, ließ er die beiden in Ruhe. Hatte er sie aber nicht gesehen, griff er ungehemmt an. Kummer deutet dies als ein Zeichen von «Respekt», ausgelöst durch die «Paargestalt».

Was auch immer die Ursachen des Respekts sind, vermutlich läuft er auf die Angst vor Unannehmlichkeiten hinaus. Beim hungrigen Löwenkind, das nicht wagt, dem genüßlich kauenden Alten mit der großen Mähne zu nahe zu kommen, ist diese Angst eine ganz andere als die des Mantelpavian-Rivalen. Und was ist mit dem Bürokollegen, der nicht einmal im Traum daran denkt, sich heimlich aus der gemeinsamen Kaffeekasse zu bedienen? Hier hat sich das Schwergewicht auf eine ganz andere Ebene verlagert: Der geringe Geldbetrag in der Kasse ist ein Nichts gegenüber dem Wert eines guten Einvernehmens zwischen Leuten, die täglich zusammenarbeiten müssen. Deshalb wird die gemeinsame Kasse selbst zu einem Signal, mit dem alle ihr gegenseitiges Vertrauen demonstrieren.

Kommunikation nach dem Muster «Achtung, wenn du das tust, dann wird es gefährlich für dich» ist in der Natur weit verbreitet. Diese Signale sind Teil jeder aktiven Verteidigung. Denn es ist wichtig, einem möglichen Angreifer deutlich zu zeigen, daß er mit Unannehmlichkeiten zu rechnen hat. Wären Wespen unauffällig gefärbt, dann würden zwar Vögel, die Wespen erbeuten,

Hier ist das «Vorbild» der links gezeigten Schwebfliege, die Deutsche Wespe (Paravespula germanica). Ihre gelbschwarze Warnzeichnung signalisiert allen, die gestochen wurden, künftig solche Biester zu meiden.

immer wieder gestochen. Doch den Wespen würde dies nichts nützen, weil diese Notwehr im Todeskampf für die angegriffene Wespe zu spät kommt und der Vogel die nächste Wespe, die er sieht, wieder angreifen würde. Denn unter den vielen dunklen Insekten, so die Erfahrung des Vogels, gibt es nur wenige, die stechen. Erst die auffällige Gelb-Schwarz-Zeichnung der Wespe löst im Vogel ein Aha-Erlebnis aus: Wenn er wieder einem solchen Insekt begegnet, wird er es tunlichst in Ruhe lassen.

Die meisten defensiven Gifttiere sind auffällig gefärbt: Das gilt für Spinnen, Käfer, Raupen und Frösche ebenso wie für das Stinktier. Schlangen setzen ihr Gift vor allem zum Angriff ein, für sie gilt diese Regel deshalb nicht. Auch im bunten Gewimmel des Korallenriffs gelten andere Gesetze. Farben haben dort eher die Funktion eines Familienwappens, das heißt, sie signalisieren die eigene Identität. Aber überall dort, wo allgemeine Tarnung die Regel ist, gelten grelle Farben fast immer als Warnsignale.

Diese Warnsignale wirken so gut, daß viele Tiere, die gar nicht giftig sind, sich ebenfalls mit auffälligen Farben und Mustern schützen. Sie profitieren vom Respekt, den Angreifer ihren gefährlichen Doppelgängern zollen. Dieses Nachahmerprinzip, von dem schon beim Putzerfisch die Rede war, ist in der Zoologie als Mimikry bekannt. Auch die menschliche Sicherheitstechnik bedient sich übrigens der Mimikry. So gibt es in jedem Supermarkt Videoüberwachungsanlagen, bei denen die Objektive an der Decke in alle Richtungen starren, sich ständig im Kreis bewegen, und ein blinkendes Rotlicht signalisiert wachsame Bereitschaft. Die meisten dieser Objektive sind Attrappen, aber ein Ladendieb kann nie sicher sein, ob er nicht doch von einem der echten Objektive ins Visier genommen wird. Ähnliche Zwecke erfüllen Schilder mit Aufschriften wie «Warnung vor dem Hunde» oder «Achtung, Alarmanlage». Sie markieren ein Revier.

Reviere oder Territorien sind Gebiete, die ein Tier für sich beansprucht. Revierverhalten kommt bei Fischen, Vögeln und Säugetieren vor, aber auch bei bestimmten Insektenarten. Ohne dieses Verhalten wäre unsere Welt viel ärmer, denn dann

Auffallende Streifenzeichnung scheint sich als Warnsignal besonders gut zu eignen: Hier ein Stinktier (Skunk); es hebt drohend den Schwanz, bevor es sein stinkendes Sekret verspritzt.

könnten wir uns nicht an den Gesängen der Vögel erfreuen. Was in unseren Ohren so lieblich klingt, ist vom Vogel aus betrachtet kein Jubilieren aus schierer Lebensfreude, sondern eine Warnung an alle: Achtung, hier bin ich, komme mir keiner zu nahe! Dringt ein fremdes Rotkehlchen ins Revier eines anderen Männchens ein, dann wird dessen Gesang intensiver. In der Regel zieht sich dann der Eindringling zurück. Doch wenn es zum Kampf kommt, «so hört man den schönsten Gesang überhaupt», erklärt der Biologe Hansjochem Autrum. «Der Gesang des Rotkehlchens ist also eher ein Warnruf und Schlachtgesang als ein Liebesgesang.» Erst wenn das Männchen sein Revier erobert hat, lockt es mit seinem Gesang auch Weibchen an.

Säugetiere ziehen entlang der Grenzen ihres Reviers oft eigentliche «Duftzäune». Der Dachs markiert mit einer Drüse an der Basis des Schwanzes, die er fest auf Steine, Baumstrünke oder einfach auf den Erdboden preßt. Der Braunbär wälzt sich in seinem eigenen Harn und reibt seinen Pelz anschließend an Bäumen. Kommt später ein anderer Braunbär vorbei, dann erkennt dieser nicht nur, daß das Revier schon besetzt ist; an der Höhe der Markierung kann er sogar die Größe des Rivalen ablesen und, je nachdem, das Weite suchen oder es auf einen Kampf ankommen lassen. Von Hunderüden ist bekannt, daß sie versuchen, das Bein möglichst hoch zu heben und ihre eigene Duftmarke höher als die des Rivalen anzubringen. Nilpferdbullen spritzen beim Kotlassen gleichzeitig einen Harnstrahl nach hinten; das Harn-Kot-Gemisch, das danach am Schwanz klebt, wedeln sie anschließend an die Bäume und Büsche ihres Wohngebietes. Weniger flächendeckend markieren viele Halbaffenarten. Sie reiben sich Harn an Handflächen und Fußsohlen. So legen sie beim Herumklettern auf Bäumen eigentliche Duftstraßen an. Sie kennzeichnen nicht nur das Revier, sondern weisen auch den Weg.

Der Skunk, das nordamerikanische Stinktier, hat die Drüse, mit der seine Verwandten das Revier markieren, zu einer äußerst wirksamen Verteidigungswaffe aufgerüstet. Aus ihr verspritzt er eine gelbe, stinkende Flüssigkeit bis zu drei Meter weit. Sie enthält Merkaptan, einen der am übelsten riechenden Stoffe, die es gibt. Ein Gramm davon genügt, um theoretisch allen Menschen dieser Erde einen stinkenden Denkzettel zu verpassen. Für viele Säugetiere, die sich ja hauptsächlich auf den Geruchssinn verlassen, ist dieser chemische Angriff verheerend. Vor dem Spritzen hebt der Skunk erst einmal warnend seinen auffällig schwarzweiß gezeichneten Schwanz. Jedes Tier, das schon einmal mit dem Sekret Bekanntschaft gemacht hat, nimmt dann schleunigst Reißaus.

Überhaupt ist Angriff oft die beste Verteidigung. Vor allem dann, wenn er überraschend kommt. Der Verteidiger kann dann die Verwirrung des Gegners ausnützen und entwischen. Eine der erstaunlichsten chemischen Verteidigungswaffen hat der New Yorker Zoologe Hans Eisner beim Bombardierkäfer erforscht. Dieser Käfer feuert aus seinem Hinterteil eine explodierende Flüssigkeit ab. Sie besteht aus zwei Komponenten: Hydrochinon und Wasserstoffsuperoxid, die der Käfer je in einer Drüse absondert und speichert. Zum Abfeuern seiner chemischen «Kanone» läßt der Bombardierkäfer die beiden Substanzen zusammenströmen, wobei sie explosionsartig miteinander reagieren.

Diese Hi-Tech-Organe der Landtiere sind relativ jung, verglichen mit den Nesselkapseln mariner Lebewesen. Nesselkapsel sind spezialisierte Abwehrzellen von Polypen, Quallen und anderen urtümlichen Meeresbewohnern. Sie besitzen eine Art Antenne, die auf Berührungsreize anspricht. Die Zelle stülpt dann explosiv einen mit Widerhaken bewehrten Nesselfaden aus, der die Haut verwundet. Das Innere der Drüse sondert einen Giftstoff ab, der ein juckendes Brennen erzeugt und für kleinere Tiere tödlich sein kann.

Andere Meerestiere machen es wie Bombardierkäfer und Skunke: Sie schießen dem Angreifer einen Strahl entgegen. Beim Tintenfisch breitet sich gleichzeitig eine trübe Wolke aus, in deren Schutz er sich zurückziehen kann; bei der Pistonengarnele, einer Krebsart, ist die eine Schere zu einer Art Wasserpistole umgebildet. Andere Garnelen verfügen über Lichtorgane, die sie wie Blendlaternen aufleuchten lassen und so einen Angreifer irritieren.

Der Komoren-Quastenflosser
(Latimeria chalumne) ist ein
Tiefseefisch einer Gattung, die
man lange für ausgestorben
hielt. Er lebt in fast völliger
Dunkelheit und ist deshalb auf
elektrische Sinnesorgane angewiesen.

Spürnasen
und Argusaugen

Ein Schwarm von südostasiatischen Bulldogg-Fledermäusen (Tadarida plicata) verläßt am Abend seine Höhle, um auf Insektenjagd zu gehen.

Jeden Morgen besorgte sich Jim Berkland die drei größten kalifornischen Tageszeitungen und suchte nach der Rubrik mit den Anzeigen für vermißte Tiere. Dann zählte er die vermißten Hunde und Katzen und trug die Anzahl in eine Liste ein. Jim Berkland, Erdbebenforscher, stützt sich bei seiner Forschungsarbeit auf chinesische Beobachtungen, wonach Tiere ein nahendes Erdbeben im voraus erspüren und dann unruhig werden. Vor einem großen Erdbeben, so seine Hypothese, müßten vermehrt Tiere von zu Hause ausreißen. Der Chefgeologe des Distrikts von Santa Clara ist davon überzeugt, nachdem seine eigene Katze einmal weglief und wenige Tage später heftige Erdstöße das Gebiet erschütterten. Berkland vermutet, daß sich vor großen Erdbeben das Erdmagnetfeld ändert und daß Tiere dies wahrnehmen können. Andere Forscher zweifeln an dieser Theorie und wenden ein, daß in Kalifornien kaum eine Woche vergeht, ohne daß irgendwo die Erde erzittert.

Auch wenn vieles noch unklar ist, eines steht fest: Sensorik, entscheidender Bestandteil moderner Sicherheitstechnik, hat sich in der Natur zu solcher Vollkommenheit entwickelt, daß menschliche Ingenieure erst mit fortgeschrittenster Technik annähernde Leistungen erbringen können. Mehr über den Vergleich von Natur und Technik ab Seite 70. Hier soll ausschließlich von den natürlichen Sinnesorganen im Dienste des Überlebens die Rede sein. Dabei ist die Sicherheit des einen stets die Unsicherheit des anderen.

Beispielhaft deutlich zeigt sich dies in der Geschichte von Fledermäusen und Nachtfaltern. Sie beginnt damit, daß die meisten Vögel, Hauptfeinde aller fliegenden Insekten, tagsüber aktiv sind und nachts schlafen. Der Anreiz, nachts zu fliegen, war also für Insekten sehr groß. Eine Gruppe, der diese Umstellung sehr gut gelang, sind die Schmetterlinge: Von den unzähligen Schmetterlingsarten sind weitaus die meisten Nachtfalter. Vögel sind Augentiere, und da die Kunst des Fliegens gute Sichtverhältnisse voraussetzt, blieben die meisten von ihnen tagaktiv. Andererseits tummelten sich zahlreiche Säugetierarten in der Dämmerung und im Mondenschein, aber die Säugetiere konnten wiederum nicht fliegen. Doch das nächtliche Gewimmel in der Luft war ein zu großer Anreiz, als daß sich die Säugetiere mit ihrem erdgebundenen Leben hätten abfinden mögen. Der Bonus, nachts fliegerisch jagen zu können, war so groß, daß die Natur wieder einmal eine erfinderische Höchstleistung hervorbrachte: Nicht nur lernten die Fledermäuse das Fliegen, indem sie ihre Vorderbeine zu Flügeln umbildeten, sondern sie entwickelten auch das Radar.

Vor zweihundert Jahren, also lange bevor die Technik dazu reif war, entdeckte Lazzaro Spallanzani, Priester und Professor an der Universität von Padua, das Ortungsvermögen bei der Fledermaus. Er spannte in einem dunklen Raum kreuz und quer dünne Fäden, an die er Glöcklein hängte. Ließ er dann Fledermäuse in dem Raum fliegen, dann war kein Ton zu hören; die geschickten Flieger wichen den Fäden aus. Auch wenn er ihnen die Augen verband, fanden sie sich ohne Probleme zurecht.

Spallanzani korrespondierte mit mehreren Gelehrten, unter anderem mit Charles Jurin, einem Mitglied der Genfer Naturhistorischen Gesellschaft, über diese erstaunliche Fähigkeit der Fledermäuse. Jurin war es, der als erster auf die Idee kam, den Tierchen die Ohren zu verstopfen. Jetzt verfingen sie sich hilflos in den Fäden.

Spätere Untersuchungen zeigten, daß die Fledermäuse schrille Schreie ausstoßen, so hoch, daß wir Menschen sie nicht hören können. Je nach Fledermausart liegt die Tonfrequenz zwischen 30 und 100 Kilohertz, die einzelnen Lautimpulse dauern nur wenige Millisekunden bis etwa eine Zehntelsekunde. Der Schalldruck ist außeror-

Fledermäuse sind wahre Flugkünstler: Große Hufeisennase (Rhinolophus ferrumequineum) beim Insektenfang. Sie orientiert sich ausschließlich an Schall-Echos, die von den Insekten zurückgeworfen werden.

dentlich hoch, er entspricht etwa der Lautstärke eines Preßlufthammers.

Das Echo dieser Schreie fangen die Fledermäuse mit ihren großen Ohren auf. Es ist natürlich sehr viel schwächer, ungefähr um das Zehntausendfache geringer als das ausgesandte Signal. Die Fledermäuse sind fähig, dieses schwache Echo aus einem um das Tausendfache stärkeren Geräuschpegel noch herauszufiltern. Selbst Fäden von weniger als einem halben Millimeter Dicke können die Fledermäuse wahrnehmen und ihnen rechtzeitig ausweichen. Am Laut-Echo erkennen sie auch, ob eine Fläche glatt oder rauh ist.

Fledermäuse im völlig abgedunkelten Laborraum erbeuteten im Durchschnitt alle sechs Sekunden eine Fruchtfliege (zwei bis drei Millimeter lang, weniger als ein Milligramm schwer) aus einem Schwarm. Zeitlupenaufnahmen zeigten, daß die Fledermäuse einzelne Beutetierchen sogar mit den Flügeln herbeifischten und sich ins offene Maul schleuderten.

Nachdem die Fledermäuse in der Erdgeschichte aufgetaucht waren, begannen für Nachtschmetterlinge schwere Zeiten. Doch auch sie paßten sich der neuen Situation an, mit aktiven und passiven Sicherheitsmaßnahmen. Zunächst einmal waren Haare von Vorteil: Sie zerstreuten das Radar-Echo, so daß sich das akustische Bild für die jagende Fledermaus weniger deutlich abzeichnete. Aus diesem Grund besitzen die meisten Nachtfalter einen dicht behaarten Körper. Zusätzlich lernten einige Nachtfalter, die sonst keine Verwendung für den Gehörsinn haben, die Ultraschall-Laute der Fledermäuse wahrnehmen. Sobald sie diesen Ton hören, lassen sie sich fallen und versuchen so der Fledermaus im letzten Moment noch auszuweichen.

Auch mit dem Geruchssinn leisten Tiere Erstaunliches. Das Männchen des Seidenspinners besitzt große, stark verzweigte Fühler, in der Fachsprache Antennen genannt. Mit ihnen spürt der Falter die Sexualduftstoffe auf, die ein paarungsbereites Weibchen aus einer Drüse des Hinterleibes absondert. Solche Duftstoffe, Pheromone, sind im Tierreich weit verbreitet. Doch nur wenige Tiere sind in der Lage, so empfindlich darauf zu reagieren wie der Seidenspinner.

Unglaublich, aber wahr: Fledermäuse vermögen sogar dicht unter der Wasseroberfläche schwimmende Fische mit ihrer Ultraschall-Peilung zu orten und in gezieltem Sturzflug zu erbeuten. Mexikanische Fischfledermaus (Noctilio leporinus).

Ein amerikanischer Forscher unternahm folgenden Versuch: Mit einer Schachtel voller Faltermännchen setzte er sich in einen Nachtzug. Von Zeit zu Zeit öffnete er das Fenster und entließ einen Falter in die Freiheit – je nach Entfernung, die der Zug inzwischen zurückgelegt hatte, mit einem bestimmten Farbtupfer markiert. In einem Labor, Kilometer entfernt, saß ein Kollege mit einem paarungsreifen Weibchen in einem Käfig und beobachtete die Männchen, die angeflogen kamen. Unter ihnen befanden sich auch solche mit Farbtupfern. Die Auswertung zeigte, daß von den Männchen, die vier Kilometer vom Käfig freigelassen worden waren, fast die Hälfte zum Weibchen gefunden hatte, sogar aus elf Kilometern Entfernung fand noch ein gutes Viertel der Männchen den Weg zum lockenden Duft.

Berechnungen zeigten, daß das Schmetterlingsmännchen fähig sein muß, einzelne Duftmoleküle mit seinen Antennen wahrzunehmen. Das entspricht etwa der Verdünnung eines Tintentropfens im Bodensee.

Wir Menschen mögen im vollgepferchten Bus sehr empfindlich auf Schweißgeruch reagieren. Doch Hunde sind etwa eine Million mal empfindlicher. Die Riechzellen ihrer Nase sind sogar ähnlich sensibel wie die Antennen des Seidenspinners. Dies haben physiologische Experimente gezeigt. Buttersäure, einen typischen Bestandteil des Schweißes, riecht ein Hund in einer Konzentration von weniger als zehntausend Molekülen pro Kubikzentimeter Luft.

Obwohl der deutsche Chemiker und Nobelpreisträger Adolf Butenandt und seine Mitarbeiter 1959 den Sexuallockstoff des Seidenspinners einwandfrei chemisch bestimmen konnten (es ist ein zweifach ungesättigter Alkohol), zweifelten andere Wissenschaftler immer wieder an der Lockstoffhypothese. So vermutete der amerikanische Insektenforscher Philip Callahan, die Antennen des Seidenspinners würden auf infrarote Strahlung (also Wärme) ansprechen.

Ob diese Vermutung für den Seidenspinner zutrifft, dürfte eher fraglich sein. Doch eine andere Tiergruppe verfügt unbestreitbar über einen hochempfindlichen Wärmesinn. Die Grubenottern, unter ihnen auch die bekannte Klapper-

Kopf einer roten Diamantklapperschlange (Crotalus ruber). Das Grubenorgan ist als Öffnung unterhalb der Linie zwischen Nase und Auge deutlich zu erkennen.

Der feine Geruchssinn des Hundes hat in Katastropheneinsätzen schon manches Menschenleben gerettet.

schlange, besitzen ein Sinnesorgan, das noch Wärmeunterschiede von einem zweihundertstel Grad Celsius wahrnimmt. Das ist die Wärmestrahlung einer Maus in fünfzehn Zentimeter Entfernung.

Das Sinnesorgan sitzt beidseits am Kopf in je einer Grube, die sich zwischen Nasenloch und Auge befindet und die der Schlangengruppe ihren Namen gegeben hat. Am Boden des Grubenorgans spannt sich ein dünnes Häutchen, das besonders Wärmestrahlen im Infrarotbereich von 1,5 bis 15 Nanometer (Millionstelmillimeter) Wellenlänge absorbiert. Das hornige Häutchen ist nur etwas über einen Hundertstelmillimeter dick und spannt sich über ein isolierendes Luftkissen. Deshalb genügen schon kleinste Strahlenmengen, um sie merklich aufzuheizen. Die versteckte Lage des Grubenorgans in einer schützenden Körperhöhle ist schon wegen der Empfindlichkeit des Häutchens sinnvoll, hat aber noch einen anderen Grund. Je nachdem, aus welcher Richtung die Wärmestrahlen kommen, treffen sie auf einen etwas anderen Bereich der Membran. Jedes «Wärmeauge» der Schlange überstreicht einen kegelförmigen Bereich des Raumes, aus dem es Wärmestrahlen empfangen kann. Die beiden Bereiche überschneiden sich in der Mitte, so daß die Schlange eine Wärmequelle mit beiden Infrarot-Augen fixieren und anpeilen kann.

Auch Tiere, die nicht im Dunkel der Nacht jagen, sondern sozusagen im Trüben fischen, haben einzigartige Sinnesorgane entwickelt. Der Nilhecht, der in schlammigem Wasser lebt, sendet ständig Hunderte von elektrischen Impulsen aus, deren Spannung ungefähr einer Taschenlampenbatterie entspricht. Am Kopfende liegt der Pluspol, am Schwanzende der Minuspol. Zwischen diesen Polen breiten sich elektrische Feldlinien aus, deren Potentialunterschiede der Fisch mit einem besonderen Sinnesorgan an seinen Seitenlinien wahrnimmt. Schon ein Spannungsgefälle, das hundertmillionenmal kleiner ist als die ausgesandten Impulse, kann eine Reaktion auslösen. Jeder Gegenstand mit einer anderen elektrischen Leitfähigkeit als Wasser erzeugt solche Unterschiede im elektrischen Feld. Man vermutet, daß der Fisch mit seinem Sinnesorgan Beute ortet und sich in

Der Nilhecht (Gymnarchus niloticus) vermag sich mit seinen elektrischen Sinnesorgan auch im trüben Wasser zu orientieren.

seiner Umgebung zurechtfindet. Vielleicht dient es auch der Verständigung mit Artgenossen.

Ein geheimnisvoller Fisch, dem Verhaltensforscher des Max-Planck-Institutes für Verhaltensphysiologie in Seewiesen wiederholt in Tauchboot-Expeditionen nachgespürt haben, ist der Quastenflosser Latimeria. Dieses Bindeglied zwischen Fischen und Vierfüßlern galt lange Zeit als vor sechzig Millionen Jahren ausgestorben, wurde dann aber 1938 im Netz eines südafrikanischen Fischkutters entdeckt. Der Quastenflosser hat vier Flossen, die am Ende von Gliedmaßen sitzen. In seiner Schnauze befindet sich ein elektrisches Sinnesorgan, dessen Funktion erst vor einigen Jahren entdeckt wurde.

Latimeria lebt in der Tiefsee, mehr als zweihundert Meter unter der Wasseroberfläche. Der Fisch ist sehr träge, läßt sich von Strömungen treiben und benutzt seine gestielten Flossen nur als Steuerorgane. In der Tiefsee ist das Nahrungsangebot sehr begrenzt, der Fisch darf also bei seiner Jagd nach Beute nicht viel Energie vergeuden. Nachts läßt er sich etwa hundert Meter in die Höhe treiben und macht sich an schlafende Fische heran, die er mit seinem elektrischen Organ aufspürt.

Die Raffinesse der Jäger mit ihren Spürnasen, Argusaugen, Radarrohren und elektrischen Antennen hat natürlich zu entsprechenden, nicht minder erfolgreichen Abwehrmaßnahmen geführt, mit denen die möglichen Beutetiere versuchen, keine Beute zu werden. Vielleicht tummeln sich im Nilschlamm kleine Krebschen, die es geschafft haben, eine elektrische Leitfähigkeit zu entwikkeln, die genau der des Wassers entspricht? Für den Nilhecht wären sie dann «unsichtbar», das heißt für sein elektrisches Organ unspürbar.

Tarnung, das heißt der Versuch, sich der Entdekkung durch gegnerische Sinne zu entziehen, ist im Tierreich weit verbreitet. Am spektakulärsten ist die Vielfalt bizarrer Formen und Färbungen, die ihre Träger vor dem Hintergrund ihres Lebensraumes verschwinden lassen. Aber auch der erwähnte Haarpelz von Nachtfaltern dient diesem Zweck.

Nicht nur Verteidiger tarnen sich, sondern auch Angreifer. Zwei vertraute Beispiele sind die samtigen Katzenpfoten für lautloses Anschleichen und die leidige Angewohnheit von Hunden, sich im Kot zu wälzen. Dieses Verhaltensmuster dient dem Wolf als geruchliche Tarnkappe, mit der er seinen Eigengeruch überdeckt. Witternde Huftiere werden so weniger schnell alarmiert.

Ein typischer Alarmsinn ist der Erschütterungssinn, der ja auch in der menschlichen Sicherheitstechnik eine große Rolle spielt. Grillen verstummen, wenn man sich ihnen nähert. Auch Küchenschaben bekommt man kaum je zu Gesicht, denn sie verkriechen sich bei der geringsten Erschütterung des Bodens in ihre Ritzen. Der Sinnesphysiologe Hansjochem Autrum hat diesen Erschütterungssinn in den vierziger Jahren untersucht und herausgefunden, daß die Bewegung der Unterlage um ein Angström genügt, um die Schabe zu alarmieren. Ein Angström ist der milliardste Teil eines Zentimeters, eine Distanz, die kleiner ist als der Durchmesser eines Wasserstoff-Atoms.

Spinnen weben Alarmfäden in ihre Fangnetze. Der Faden endet am Bein der lauernden Spinne und meldet ihr jede Beute, die sich im Netz verfangen hat. Auch Menschen haben sich dieses Prinzip schon seit alters zunutze gemacht (siehe Seite 101).

In der Sinnesforschung bei Tieren sind noch viele Fragen offen. Vor allem, was das oft erstaunliche Orientierungsvermögen vieler Vögel, Säugetiere und Insekten betrifft. Man vermutet, daß neben Geruch, dem Wahrnehmungsvermögen für polarisiertes Licht und einer exakten inneren Uhr auch der Magnetsinn eine wichtige Rolle spielt. Der amerikanische Forscher Frank Brown, Northern University, Illinois, will sogar einen Sinn für Gammastrahlen bei einem im Meer lebenden Strudelwurm entdeckt haben.

Auch Pflanzen verfügen über Sinnesorgane, deren Leistung denen von Tieren kaum nachsteht. So ist es für kletternde Pflanzen lebenswichtig, einen schützenden Halt zu finden. Ihre Ranken führen deshalb während des Wachstums suchende Kreisbewegungen aus, die im Zeitrafferfilm gut zu erkennen sind. Trifft eine Ranke auf einen Gegenstand, dann krümmt sie sich in der Richtung des Berührungsreizes. Schon ein Gewicht von weniger als einem Millionstelgramm kann diese Reaktion auslösen. Der Keimling einer Wicke ist imstande, auf Licht zu reagieren, dessen Stärke dem einer Hundert-Watt-Glühbirne in siebzig Kilometern Entfernung entspricht. Verglichen mit entsprechenden technischen Lei-

stungen scheint das nicht sehr aufregend zu sein. Doch ist zu bedenken, daß direktes Sonnenlicht die hochempfindlichen Lichtmeßgeräte zerstört. Das pflanzliche Meßsystem übersteht dagegen den billionenfachen Helligkeitsunterschied unbeschadet.

Mit ihren empfindlichen Vibrationssensoren nimmt die Kreuzspinne jede noch so geringe Erschütterung des Netzes wahr und ortet sofort die Störung.

Bionik oder
Die Natur als Vorbild

Im Jahr 1912 stieß der Luxusdampfer Titanic mit einem Eisberg zusammen und sank mit 1503 Menschen an Bord. Die Katastrophe löste in Wissenschaftlerkreisen lebhafte Diskussionen aus. In diesem Schicksalsjahr wurde — mehr als hundert Jahre nach Spallanzanis Fledermausversuchen — die Idee des Echolots mit Schallwellen neu geboren. Verschiedene Fachleute, unter ihnen H.S. Maxim, Erfinder des Maschinengewehrs, schlugen vor, auf Schiffen eine Einrichtung anzubringen, die Schall aussendet und das von Eisbergen zurückschallende Echo auffängt. Maxim erwähnte ausdrücklich die Fledermäuse als natürliches Vorbild. Allerdings glaubte er, das Geräusch des Flügelschlages sei die Schallquelle, nach der sie sich orientieren.

Spallanzani, er starb 1799, war überzeugt gewesen, daß sich Fledermäuse mit ihren Ohren orientieren. Doch weil niemand sich unhörbaren Schall vorstellen konnte, hatten führende Köpfe der Wissenschaft, allen voran der große Naturforscher Georges Cuvier, Spallanzanis Theorie scharf kritisiert. Erst mit der Titanic-Katastrophe wurde die Zeit reif für das Echolot.

Bereits im ersten Weltkrieg konstruierte der französische Physiker P. Langevin einen Apparat, mit dem sich Gegenstände unter Wasser orten ließen. Langevin verwendete Ultraschallwellen, und diese Erfindung gab den Anstoß zu neuen Fledermausforschungen. Es war schließlich der amerikanische Zoologe D. Griffin, der 1938 einwandfrei nachweisen konnte, daß Fledermäuse sich mit Hilfe von Ultraschall zurechtfinden. Die Fledermausforschung hat der Technik seither viele wertvolle Impulse gebracht. Auch in der Sicher-

heitstechnik spielt das Fledermausprinzip heute eine wichtige Rolle (siehe Seite 64).

Doch jahrhundertelang hatten Natur und Technik nur wenige Berührungspunkte. Ausnahmen bestätigen die Regel. So hat der uralte Traum des Fliegens sich immer an den Lebewesen orientiert, die fliegen können. Die vielen Bruchlandungen der ersten Flugpioniere zeigten indes schon ein Prinzip, das auch in der modernen Bionik gilt: Technik darf Natur nicht exakt kopieren. So schlagen fast alle fliegenden Tiere mit ihren Flügeln, während technische Fluggeräte starre Tragflächen haben und den Antrieb mit anderen Mitteln bewerkstelligen.

Die Geburtsstunde der Bionik (zusammengezogenes Wort aus «Biologie» und «Technik») schlug im September 1960. Die amerikanische Luftwaffe hatte siebenhundert Biologen, Ingenieure, Mathematiker, Physiker und Psychologen zu einem Monsterkongreß nach Dayton, Ohio, eingeladen. Jack E. Steele, Major bei der Abteilung für Luft- und Raumfahrtmedizin, hatte den Ausdruck Bionik 1958 geprägt und auch gleich exakt definiert: Bionik erforscht technische Systeme, deren Funktion natürlichen Systemen nachgebildet ist, die natürlichen Systemen in charakteristischen Eigenschaften gleichen oder ihnen analog sind.

Viele Einrichtungen, die aus der modernen Sicherheitstechnik nicht mehr wegzudenken sind, haben in tierischen Sinnesorganen ihr biologisches Gegenstück: Dem Infrarotsensor entspricht das «Wärmeauge» der Klapperschlange, dem Vibrationssensor das Erschütterungsorgan der Küchenschabe, dem Dehnungssensor ein Sinnesorgan für mechanische Reize in Muskeln und Gelenken. Rauchmelder lassen sich mit künstlichen «Nasen» vergleichen, Photozellen mit «Sehzellen», Computerchips mit «Nervensystemen» usw.

Doch manchmal können Ähnlichkeiten auch wichtige Unterschiede verdecken. Wesentliche Merkmale biologischer Sensoren sind ihre Erneuerbarkeit und ihr Regenerationsvermögen. In der Regel laufen hier chemische Reaktionen ab, die die Leistungsfähigkeit der Sensoren irreversibel verändern können. Die Natur hilft sich, indem sie laufend neue Zellen produziert und so die Sensoren ständig erneuert. Die meisten technischen Sensoren dagegen basieren auf physikalischen Prinzipien. Schon aus wirtschaftlichen Gründen dürfen sie sich nicht zu schnell abnützen oder verändern, da sie sonst zu häufig ausgewechselt werden müßten. In einem Phototransistor zum Beispiel ändert das auftreffende Licht vorübergehend die Leitfähigkeit in einem Kristall. Die Kristallstruktur ändert sich dabei nicht.

Das Auge dagegen verhält sich völlig anders. Seine Sehzellen enthalten einen Stoff namens Sehpurpur, in dem sehr komplizierte chemische Prozesse ablaufen und schließlich an der Zellhaut, der Membran, bestimmte elektrische Veränderungen auslösen. Diese pflanzen sich als Nervenimpulse fort.

Die Empfindlichkeit menschlicher und tierischer Sehzellen ist mit derjenigen hochentwickelter technischer Sensoren durchaus vergleichbar. Allerdings sind sie wegen der Natur der Prozesse wesentlich träger. Immerhin, die Bienen schaffen es, bis zu dreihundert Bilder pro Sekunde aufzulösen. Wir Menschen sehen pro Sekunde höchstens knapp fünfzigmaliges Flimmern.

Dehnungssensoren sind zum Beispiel in Bildüberwachungseinrichtungen eingebaut. Der Haken, an dem ein wertvolles Bild hängt, ist mit einem Sensor verbunden, der auf jede Gewichtsveränderung anspricht. Biologische Dehnungssensoren sind äußerst vielfältig: Sie finden sich als Tastkörperchen in der Haut; in Muskeln und Gelenken messen sie Spannungszustände und Positionsveränderungen bei sämtlichen Bewegungsabläufen; im Innenohr messen sie die Schwerkraft usw.

Hier unterscheiden sich Natur und Technik nicht so grundlegend wie bei den lichtempfindlichen Sensoren. Zunächst einmal wirkt mechanischer Druck (oder Zug) auf das System. Herzstück des Dehnungssensors ist ein Kristall; beim Pacini-Körperchen, einem Tastorgan der menschlichen Haut, ist es eine Nervenfaser. In beiden Fällen beeinflußt der Druck die elektrische Spannung, sowohl am Kristall wie an der Nervenfaser. Die Vorgänge, die dazu führen, sind natürlich nicht dieselben. Beim Kristall ist es der sogenannte piezoelektrische Effekt, bei der Nervenfaser eine Änderung in der Durchlässigkeit der Membran für bestimmte elektrisch geladene Teilchen in der Zellflüssigkeit. In beiden Fällen entsteht ein Signal, das anschließend weitergeleitet, verstärkt und ausgewertet wird.

Auch bei Ohr und Mikrophon stimmt der Vergleich zwischen Natur und Technik weitgehend. Mikrophone, sicherheitstechnisch angewendet, erfassen verdächtige Geräusche und Erschütterungen. Beides sind Schwingungen, deren Frequenz sehr unterschiedlich sein kann. Sie pflanzen sich als Schall durch die Luft oder als sogenannter Körperschall durch feste Gegenstände fort. Auch auf biologischer Seite zeigt sich dieser Zusammenhang, indem nämlich die Sinneszellen in Vibrationsorganen und in Ohren ähnlich gebaut und auch mit den oben erwähnten Dehnungs- und Druckrezeptoren verwandt sind. Mikrophone wandeln mechanische Schwingungen in entsprechende elektrische Schwingungen um. Dasselbe geschieht auch in den Vibrationsorganen der Küchenschabe. Sie liegen in den Beinen des Insekts, dort also, wo Erschütterungen des Bodens unmittelbar einwirken. Dort ist ein Segel aufgespannt, ähnlich unserem Trommelfell. Mit diesem sind Sinneszellen verbunden, die in der beschriebenen Weise elektrische Signale erzeugen.

Brandmeldeanlagen arbeiten unter anderem mit Rauchsensoren. Von tierischen und menschlichen Nasen unterscheiden sich diese «Brandnasen» allerdings so grundlegend, daß man auf den Vergleich lieber verzichten sollte. Rauchsensoren sind physikalische Sensoren. Sie messen entweder den Einfluß von Rauchteilchen auf die elektrische Leitfähigkeit der Luft, die Schwächung eines Lichtstrahls durch Rauchteilchen oder die Streuung von Licht an diesen.

Die Nase dagegen ist ein chemischer Sensor, der bei einem Brand aber nicht nur auf die beim Verbrennungsprozeß freigesetzten Gase, sondern auch auf den mechanischen Reiz der Rauchteilchen reagiert. Hier kann die Technik noch sehr viel von der Natur lernen.

Das Gehirn war stets Vorbild für den Computer. Vor der Mikroprozessor-Ära war jedoch nicht

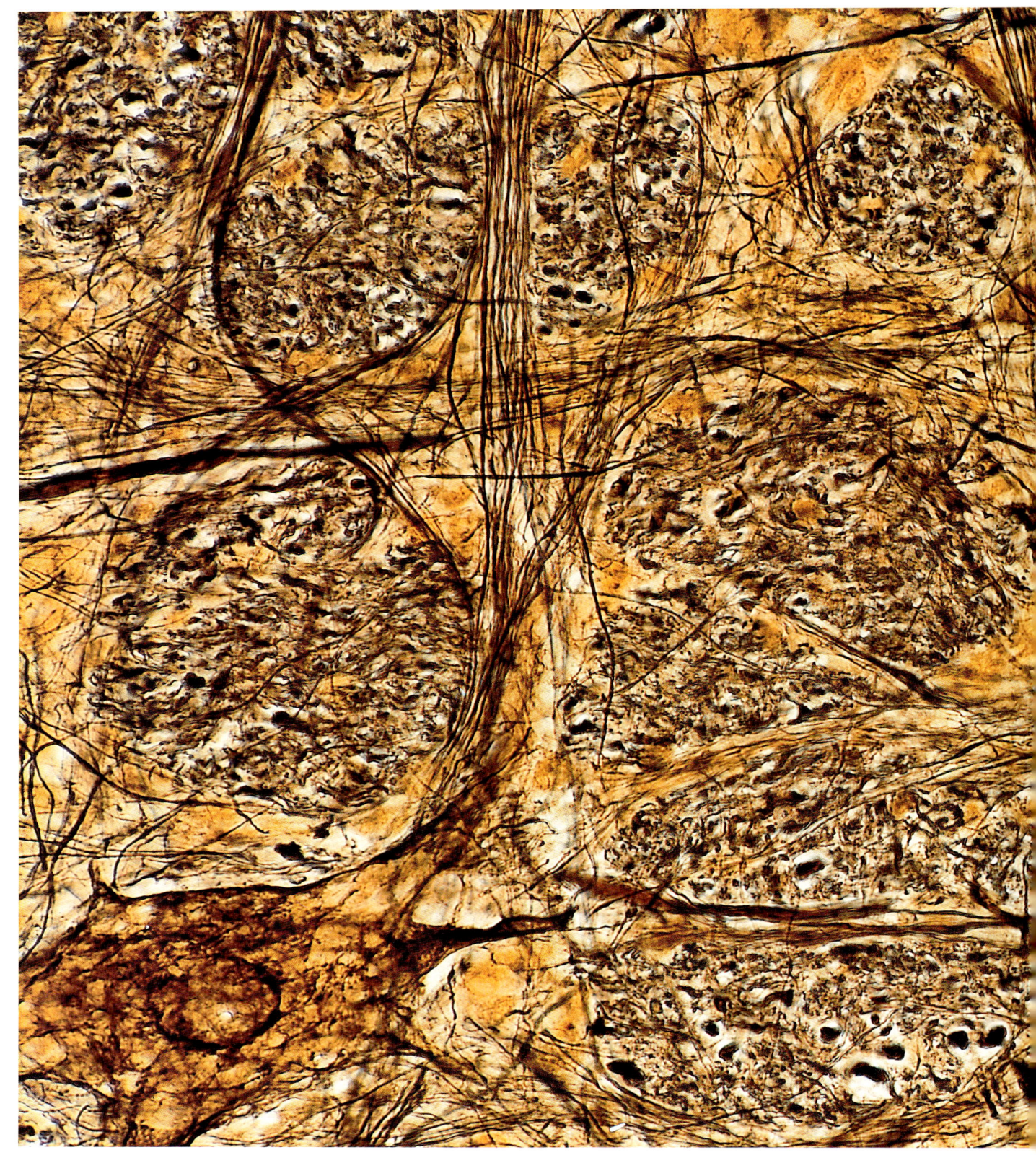

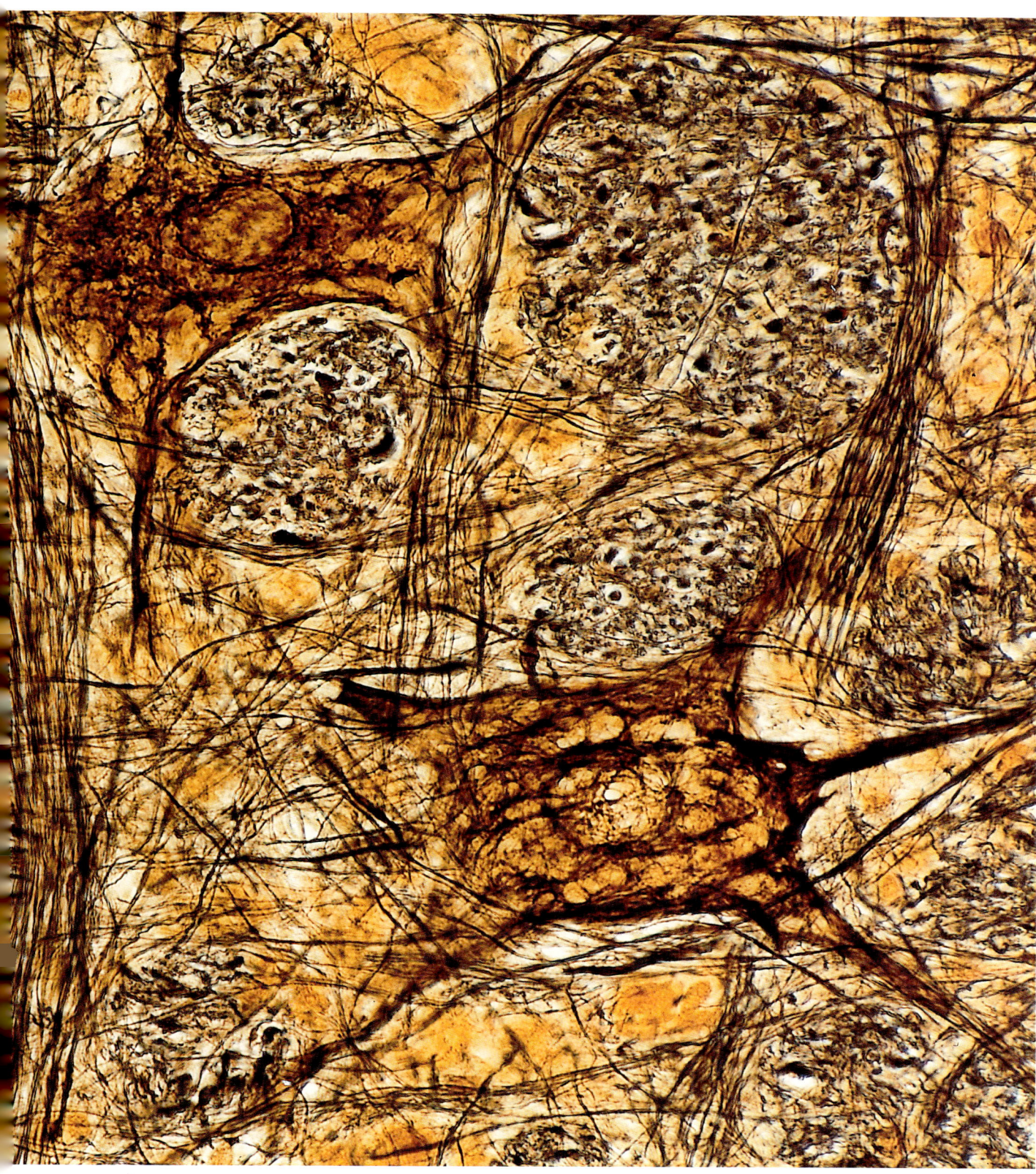

Nervenzellen im Gehirn sind durch unzählige Fasern miteinander vernetzt. Moderne Computer orientieren sich immer stärker an diesem biologischen Vorbild. Vergrößerung ca. 1200 : 1.

daran zu denken, auf kleinstem Raum elektronische Bauteile auch nur annähernd so dicht zu packen wie im menschlichen Gehirn. Deshalb ist auch die ganze Computerwissenschaft noch relativ jung.

Menschlicher Fortschritt orientierte sich stets am technisch Machbaren. Neue Möglichkeiten eröffnen auch neue Anwendungen, wie der Weg vom elektromechanischen Relais zum Schalttransistor und weiter zum Mikrochip eindrucksvoll zeigt. Die neusten mikroelektronischen Entwicklungen erlauben nun, sich mehr und mehr an der Natur zu orientieren. Zwei wichtige Forschungsgebiete sind künstliche Intelligenz und Mustererkennung.

Bionik kann viel, hat aber auch ihre Grenzen. Nicht nur deshalb, weil das Vorbild der Natur oft unerreichbar ist. Für technische Sensoren wie Geigerzähler und Elementarteilchendetektoren gibt es in der Natur kein Vorbild. Die Kunst der Bionik besteht oft darin, den Weg der Natur an entscheidender Stelle zu verlassen und ganz anders fortzufahren.

Bereits in der Vergangenheit hat man jedoch, wenn die Technik nicht weiterhalf, auf tierische Sinnesleistungen zurückgegriffen, wie etwa die alten Römer, die auf dem Kapitol Gänse hielten. Ihr Geschnatter warnte die Bürger vor angreifenden Feinden.

Die Göttinger Pergamenthandschrift «Bellifortis» aus dem vierzehnten Jahrhundert beschreibt in der Kriegskunst jener Zeit unter anderem folgende Entdeckungsmethoden gegen Angreifer einer Burg: «Die geschwätzige Elster, in diesem sehr nützlich, weil sie mit dem Ohre in Burgen und Gärten, in denen sie nistet, wahrnimmt und mit ihrem Geschrei die Unschuldsmiene und die Hinterhalte der Verborgenen verrät, so laut, daß sie im günstigen Falle wieder bemerkt werden. Das Geschlecht der Gänse ist wachsam und hat gegen Räuber einen scharfen Spürsinn, wodurch sie schon so manche königliche Burg gerettet haben. Gegen so manche Feinde, die durch Gänge unter der Erde unsichtbar bleiben wollten, sollen sie die Kunst von Rom wieder aufgenommen haben. Der Hund verbellt jeden, darum ist die Gans als Wächter überlegen.»

Spitzenprodukte der technischen Datenverarbeitung bleiben in Miniaturisierung und Vernetzung weit hinter biologischen Nervensystemen zurück. Der streng logische Aufbau eines technischen Chips schlägt sich in seiner Geometrie nieder. Vergrößerung ca. 200:1.

Unterschiede, aber auch verblüffende Gemeinsamkeiten mit dem nebenstehenden Mikrochip zeigt diese Mikroskopaufnahme eines menschlichen Kleinhirns. Beide Aufnahmen zeigen Speicherzentren und ein Netzwerk von Verbindungen, die im Kleinhirn unregelmäßiger angeordnet und um Größenordnungen komplizierter sind als im Chip. Vergrößerung ca. 600:1

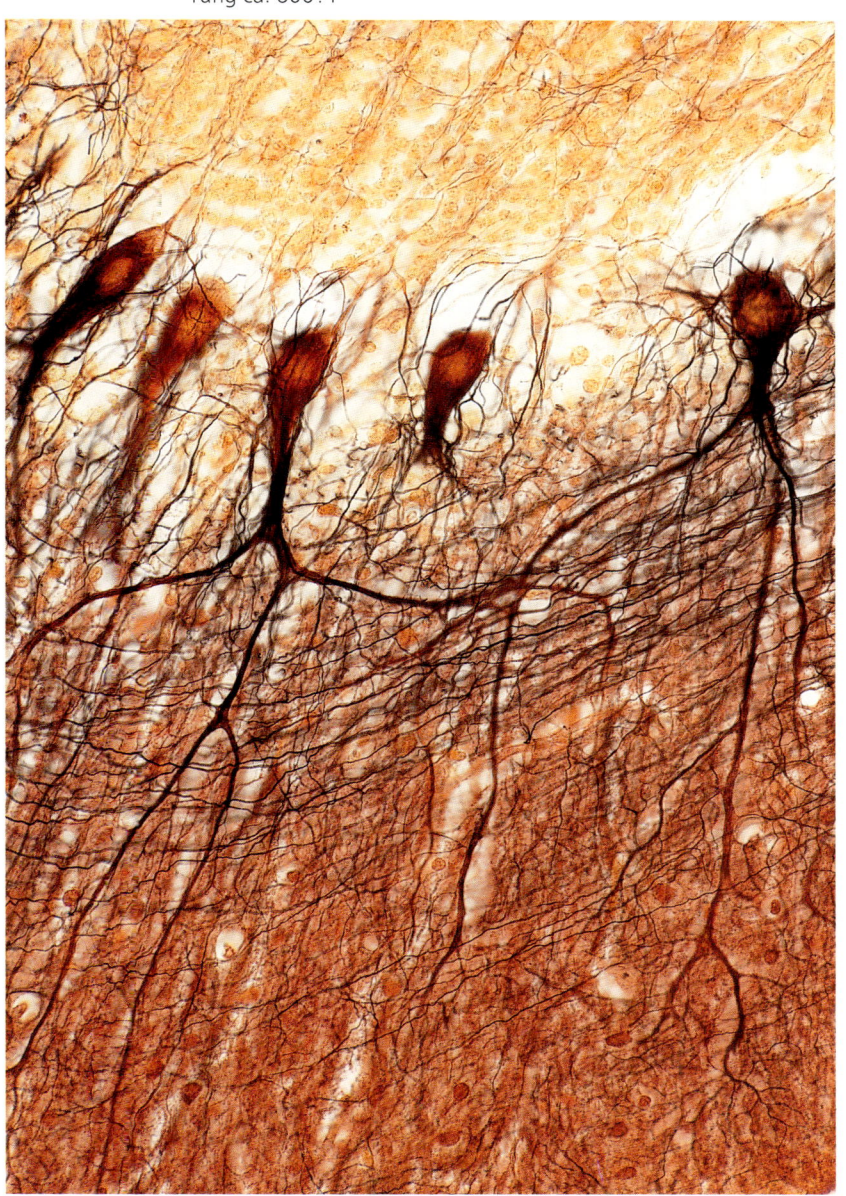

Ein Biosensor, der sich in städtischen Trinkwasser-Aufbereitungsanlagen gut bewährt, ist die Forelle. Sie schwimmt in der Wasserströmung zwischen zwei Schranken. Ein Meßgerät zeichnet jede Lageveränderung auf. Gesunde Forellen bleiben in der Strömung stehen und halten Abstand von Hindernissen. Jedes abweichende Verhalten der Forelle löst einen Alarm aus. Aus einem ähnlichen Grund nahmen Bergleute oft einen Kanarienvogel mit in den Schacht, denn auf schlechte Luft reagierte er empfindlicher als ein Mensch. Ein Biosensor ganz anderer Art war der Brauch, Bergwerksstollen mit Nadelholzstreben abzustützen. Nadelholz knarrt, wenn es unter Druck gerät, und kann so einen drohenden Einsturz anzeigen.

Seismologen vermuten, daß sich vor einem Erdbeben das Magnetfeld der Erde ändert. Deshalb experimentierten japanische Forscher mit Welsen – auch diese Fische besitzen ein Sinnesorgan, das auf elektromagnetische Feldschwankungen reagiert. Die Forscher versetzten dem Aquarium, in dem die Fische schwammen, alle sechs Stunden einen leichten Stoß. Die Fische reagierten nicht darauf; erst Stunden vor einem Erdbeben versetzten die Stöße sie in Unruhe.

An der Universität von Delaware ist Professor Garry A. Rechnitz noch einen Schritt weitergegangen. Am Marktstand kaufte er lebende Krebse und operierte ihnen einen Teil der Fühler weg, an dem sich hochempfindliche chemische Sinnesorgane befinden. Mit diesen Organen ortet der Krebs Beutetiere. Rechnitz zapfte die Krebsorgane mit feinen Elektroden an und verband diese mit einem Computer. So entstand ein Biosensor, der schon auf geringste Spuren von Aminosäuren in einer Salzwasserlösung ansprach. Ob dies wirklich eine vielversprechende neue Richtung der Bionik ist, wird sich zeigen müssen.

Kapitel 4
Philosophie und Praxis

Das geistige Sicherheitsschloß

Nero, ausgerechnet er, ließ als erster römischer Kaiser Münzen mit einer bestimmten Frauengestalt prägen. Sie trug ein Zepter, war bekränzt und schüttete meistens ein Füllhorn aus, Symbol des Überflußes. Nero versuchte auf diese Weise die Sicherheit darzustellen, die er den Bürgern Roms angeblich garantierte, die *securitas*.

Schon vor knapp zweitausend Jahren taucht also das Schlagwort auf, das für unser industrielles Zeitalter so typisch ist. Doch die Bedeutung hat sich längst gewandelt. Während wir heute von einer sicheren Chemieanlage erwarten, daß sie keine schädlichen Stoffe in die Umwelt abgibt und nicht explodiert, meinte der alte Römer mit *securus* den Gefühlszustand «mir kann nichts passieren». Wer in der Taverne gemütlich seinen Wein trank, war *securus,* auch wenn zu Hause ein Dieb seinen Geldschrank leerte. Einen sicheren Geldschrank bezeichnete der Römer als *tutus.* Erst später weitete sich der Sicherheitsbegriff zu der objektiven Bedeutung aus, die wir ihm heute beimessen. Aus dem Lateinischen entstand das althochdeutsche *sihhur,* Vorläufer unseres heutigen Ausdrucks, der seit dem Mittelhochdeutschen «sicher» heißt.

Eine Umfrage «Woran denken Sie beim Wort Sicherheit» ergab 1973 folgende Aussagen (in der Reihenfolge der Häufigkeit): Geborgenheit in der Familie, in einem ruhigen, warmen Heim, bei der Mutter; genügend Geld, Versicherung, Rente; Verkehrssicherheit, Polizei, Staat; Schutz, Mauer, Kette, Burg; technische Sicherheit, Psyche.

Zahlreiche neue Wortschöpfungen wie soziale Sicherheit, Verunsicherung, Sicherheitsrisiko, Sicherheitsreserven zeigen, wie unsere Gesellschaft zunehmend einem «Sicherheitsdenken» verhaftet ist. Darin drückt sich nicht so sehr eine objektive Gefährdung aus – die war in früheren Zeiten viel größer als heute – sondern das Gefühl, vielen unkontrollierbaren Einflüssen ausgeliefert zu sein. Was vertraut ist, macht weniger Angst als das Fremde, auch wenn es objektiv gefährlicher ist.

So steigen die meisten Menschen sorgloser in ein Auto als in ein Flugzeug, obwohl allgemein bekannt ist, daß Flugzeuge das sicherste Verkehrsmittel sind. Die Angst vorm Fliegen ist die Angst, sein Schicksal in fremde Hände legen zu müssen. So mag sich der Neuling im Jumbo-Jet ängstlich fragen, ob denn all die Nieten im Flugzeugrumpf wirklich halten, ob kein Mechaniker im Triebwerk einen Schraubenschlüssel vergessen hat, ob die Fluglotsen im Tower wirklich aufmerksam sind und keinen Radarpunkt übersehen, ob der Flugkapitän gut geschlafen hat und so weiter. Im Gegensatz dazu wiegt sich ein Autofahrer in der trügerischen Illusion, alles selbst kontrollieren zu können.

Einen ähnlichen Zusammenhang ergab eine psychologische Umfrage der Technischen Universität Berlin: Bei freiwilligen Aktivitäten nehmen Menschen ein tausendmal höheres Risiko in Kauf als bei aufgezwungenen, die sich ihrem Einfluß entziehen.

Die geistige Dimension hat in der Geschichte der Sicherheit eine wohl ebenso wichtige Rolle gespielt wie die technische. Denn als sich im Altertum kleine Stammesverbände zu immer größeren Stadt-Staaten zusammenballten, war diese soziale Revolution für damalige Gemeinschaften mindestens so einschneidend wie die technische Revolution für uns. Diebstahl und Mord waren ursprünglich Sache der betroffenen Familien. Nach dem Prinzip «Auge um Auge, Zahn um Zahn» regelte man die Angelegenheiten unter sich. Doch in einem größeren Gemeinwesen war eine solche Blutrache-Justiz nicht mehr tragbar. Der Staat übernahm das Vergeltungsmonopol und rechtfertigte diesen Anspruch mit dem göttlichen Ursprung seiner Gesetze.

Die ersten Gesetze dieser Art entstanden vor über

dreitausend Jahren in Babylonien und sind als «Kodex Hammurabi» überliefert. Ein Dieb oder Mörder hatte jetzt nicht mehr die Sippenrache zu fürchten, sondern den langen Arm des Staates, ja sogar den Zorn Gottes. In Tempeln waren deshalb auch große Reichtümer so sicher wie in einem Banktresor. Ein geistiges Sicherheitsschloß schützte sie vor allen Menschen, die der betreffenden Religion angehörten. Noch heute verfügen Kathedralen, die oft große Kunstschätze bergen, nur über vergleichsweise minimale Sicherheitseinrichtungen, während gleichwertige Museen fast immer mit Alarmanlagen geschützt sind. Doch heute wie damals gilt: Auch geistige Sicherheitsschlösser sind zu knacken. Wer nichts mehr zu verlieren hat, fürchtet auch eine Strafe im Jenseits kaum, und wer eine solche Strafe für eine leere Drohung der Mächtigen hält, wird sich erst recht nicht beeindrucken lassen.

Im Mittelalter stellten reiche Bürger ihre Geldtruhen gerne in das Gewölbe einer Kirche, wenn sie sich auf eine längere Reise begeben mußten und etwa ihren Dienern nicht trauten. In den heiligen Räumen, so dachten sie, sei ihr Reichtum sicher verwahrt. Doch ein Blick in alte Strafakten – zum Beispiel in Breslau, vierzehntes bis sechzehntes Jahrhundert – zeigt, daß dort häufig von Einbrüchen und Diebstählen aus Kirchen die Rede ist. Es gab Banden, die sich auf Kircheneinbrüche regelrecht spezialisiert hatten. Sie hatten relativ leichtes Spiel, denn nachts waren kaum Menschen in der Nähe der Kirche unterwegs; so konnten die Gangster mit schwerem Werkzeug die Truhen knacken. Dazu benützten sie mit Vorliebe Wagenwinden, die sie in einer Nische gegen die Mauer stemmten und die Truhenwand eindrückten.

Nicht nur die Besitzenden suchten sich die Religion zunutze zu machen. Im Mai 1517 sollen bei einem Wirt namens Peter Liebmann in Berlin drei Gesellen eingekehrt sein. Nachts seien sie, verkleidet als Tod, Teufel und Engel, ins Schlafzimmer des Wirts eingedrungen. Tod und Teufel machten ihm die Hölle heiß, er habe sein Geld unrechtmäßig erworben und müsse in ewiger Verdammnis dafür büßen. Als sie ihn genügend eingeschüchtert hatten, ergriff der Engel das Wort

<
Oben: Ein südafrikanischer Medizinmann versucht, den vor ihm knienden Verdächtigen mit allerlei Zauberprozeduren zu verwirren und beobachtet ihn dabei scharf, um ihn als Dieb zu entlarven.
Mitte: Ein äthiopischer Medizinmann, dem es in Trance gelungen sein soll, einer Diebesspur zu folgen.
Unten: Eine Kokospalme in Neuguinea. Ihr Stamm ist mit Palmwedeln umwunden, die einen Besitzanspruch signalisieren.

und versprach dem Wirt, seine Seele zu erlösen, wenn er das sündige Geld herausgäbe. Der Wirt schloß seine Geldtruhe auf, die Gauner bedienten sich, wurden aber gefaßt, bevor sie die Stadt verlassen konnten. Bei der Vernehmung stellte sich heraus, daß das Gaunertrio mit diesem Trick schon über drei Jahre durch die Lande gezogen war.

Um die Rechtmäßigkeit von Besitz läßt sich bekanntlich streiten. Ganoven haben in dieser Hinsicht ihr eigenes Rechtssystem. So betrachtet ein Taschendieb alle Brieftaschen in seinem Jagdrevier als sein «Eigentum» und fühlt sich bestohlen, wenn er dort einen Konkurrenten sieht.

Naturvölker kennen fein abgestufte Eigentumssysteme. Die Mailu in Neuguinea unterscheiden ein «dauerndes» Eigentum, das so etwas wie ein Teil der Persönlichkeit ist und beim Tod mit der Leiche zusammen bestattet wird, von einem «vorübergehenden». Dieses wird in männlicher Linie weitervererbt. Daneben gibt es das gemeinschaftliche Eigentum einer Familie, einer Sippe oder eines ganzen Stammes. Wertgegenstände haben oft eine zeremonielle Bedeutung und wechseln in besonderen Ritualen den Besitzer. In Gesellschaften, die Schloß und Schlüssel nicht kennen, regeln strenge Vorschriften, Tabus und Denkmuster den Umgang mit Besitz.

Einige Völker kennen sogar den zeremoniellen Diebstahl. So müssen sich Knaben auf Timor während der Jünglingsweihe ihre Nahrung stehlen; auf den Inseln der Torres-Straße darf die Tante der Knaben in dieser Zeit aus den Häusern holen, was sie will. Auch bei einigen schwarzen Völkern Südafrikas kommt dieser Brauch vor. In Bulgarien gehört es zum guten Ton, bei einer Hochzeitsfeier aus dem Hause der Braut Kleinigkeiten mitlaufen zu lassen.

Wer bei unpassender Gelegenheit stiehlt, ist auch bei Naturvölkern ein Dieb. Ihn zu überführen, ist Sache des Medizinmannes. Allerlei Zauberprozeduren sollen den Verdächtigen beeindrucken, so daß er entweder von selbst gesteht oder sich durch Zeichen der Angst verrät.

Naturwissenschaftliches und Kriminalistisches

Ein Nachtfalter, an dessen Beinchen sich eine Wollflocke verfangen hat, flattert über eine offene Lampe, stürzt brennend auf einen Ballen lockeren Materials, das sich schlagartig entzündet und eine ganze Textilfabrik einäschert. Dies soll ein Augenzeuge beobachtet haben, schreibt «Feuer und Wasser», die Zeitschrift für Feuerschutz und Rettungswesen, in ihrer fünften Nummer des Jahres 1922. So exotisch Brandursachen sein können, stets sind sie wissenschaftlich zu erklären. Heustöcke gären, erwärmen sich dabei, bis sie sich selbst entzünden. Mäuse und Ratten nagen elektrische Kabel an, durch Kurzschluß gerät das lockere Nestmaterial der Tiere leicht in Brand. Blitze schlagen ein, oder Handwerker passen beim Schweißen nicht auf, oder Feuerwerksraketen sausen unters Dach statt in den Himmel. So schwer solche Risiken abzuschätzen sind – sie unterliegen naturwissenschaftlichen Gesetzmäßigkeiten, gegen die man sich einigermaßen vorsehen kann.

Kriminelle Handlungen haben ebenfalls ihre Gesetze. Sie sind bedeutend schwieriger zu erfassen als Meß- und Wägbares, da hier die Psyche mitspielt. Doch auch hier ist Erkenntnis der erste Schritt zur Verhütung. Um sich wirksam schützen zu können, muß man einerseits wissen, wie stark man bedroht ist und andererseits, wer als Täter in Frage kommt und welche Motive er hat. Denn ein alter kriminalistischer Grundsatz läßt sich auch abwandeln: «Sag mir das Motiv, und ich verhindere die Tat.»

Zur tatsächlichen und befürchteten Kriminalitätsbelastung hat das Kriminologische Institut der Universität Zürich 1989 aufschlußreiche Zahlen veröffentlicht. Sie zeigen, daß in Zürich jeder vierte der befragten Erwachsenen im vorangegangenen Jahr Opfer einer Straftat geworden war, doch doppelt so viele befürchteten, im kommenden Jahr Opfer zu werden. In Uri, wo sich gleichviele Straftaten ereigneten wie in Zürich, stimmte die Befürchtung mit der tatsächlichen Bedrohung sehr genau überein. Dasselbe gilt auch für die ungarische Stadt Baranya. Die Baden-Württemberger fürchteten sich, wie die Zürcher, vor doppelt so vielen Straftaten als sie tatsächlich erlitten; auch in Texas (mit der höchsten Kriminalitätsrate) war der Kontrast zwischen Furcht und tatsächlicher Gefahr sehr ausgeprägt.

Regelmäßige Zuschauer der Sendung «Aktenzeichen XY ungelöst» fürchteten sich nicht stärker als andere, nachts allein auszugehen oder von einem Verbrecher verletzt zu werden. Doch sie neigten dazu, Verbrechen als eines der dringlichen Probleme unserer Gesellschaft zu betrachten, waren zu einem etwas höheren Prozentsatz für die Todesstrafe und eher mit der Aussage einverstanden, Gefängnisinsassen würden zu gut behandelt.

Gegenüber anderen Bedrohungen wie Krankheit oder Unfall hegen die meisten Menschen die Illusion: «Aber mich trifft es doch nicht». Eine kriminalistische Studie hat auch ergeben, daß Täter und Polizei das Risiko sehr unterschiedlich beurteilen. Täter schätzen offenbar das Risiko, gefaßt zu werden, als sehr gering ein. Die Polizei dagegen glaubt mit hoher Wahrscheinlichkeit, den Täter zu fassen oder gar die Tat verhindern zu können.

Psychologen haben gefunden, daß Versuchspersonen ihre eigene noch verbleibende Lebenserwartung um durchschnittlich zehn Jahre höher veranschlagen als die Werte in der Lebensversicherungstabelle. Warum die Angst vor Verbrechen hier eine Ausnahme macht, könnte auf ähnlichen Denkmustern beruhen wie die gesteigerte Angst vor besonders «schrecklichen» Todesarten, etwa bei Flugzeugabstürzen, oder wie die geringere Bereitschaft, aufgezwungene Risiken zu akzeptieren.

Eine kriminalistische Abhandlung des Jahres 1788 beschreibt Eigenschaften und Verhaltensweisen der Diebe aus damaliger Bürgersicht: «Zwar ist es in unserem Vaterlande Gottlob noch nicht so arg – dennoch aber beginnen die nächtlichen Einbrüche und Diebstähle, aller obrigkeitlichen Wachsamkeit ungeachtet, dergestalt überhand zu nehmen, daß man bei herannahender finstern Nacht, ohne Furcht und Unruhe, sich kaum schlafen legen kann... Der Mensch, dem einmal das Diebs-Handwerk zur Gewohnheit geworden, und der schon so weit herabgesunken ist, daß er von Ehre und Schande keinen Begriff mehr hat, fürchtet weder Bestrafung noch Tod. Daher kömmt es denn, daß diese Bösewichter oft eine That mit so großer Dreistigkeit und Frechheit ausführen, welche allgemeines Erstaunen erreget. Die große Fertigkeit, zu der ein Dieb aus den zum Theil ihm gelungenen, zum Theil aber nicht gelungenen Diebstählen mit der Zeit gelanget, macht ihn der kühnsten Unternehmungen fähig, und es fehlet ihm dabei nicht an Hülfsmitteln, Schloß und Riegel zu zerstöhren, und wohlverwahrte Wände zu durchbrechen.»

Blenden wir aus jenen Tagen um genau zweihundert Jahre wieder in die Gegenwart und lesen: «Die Kriminalität wird professioneller, organisierter und internationaler. Wertvolle Teppiche werden zu Dutzenden gestohlen. Frischfleisch verschwindet tonnenweise aus einem Kühlraum. Zigarettendiebe verladen ihre Beute mit dem Hubstapler... Landesgrenzen bilden kein Hindernis. Gestohlen wird auf Bestellung der Abnehmer, der Absatz ist von vorneherein sichergestellt. Häufig kommen modernste technische Mittel zum Einsatz.» (Tages-Anzeiger, Zürich, 16. Mai 1988)

Die Parallelen zwischen damals und heute sind nicht zu übersehen, auch wenn man die gewaltigen gesellschaftlichen und technischen Veränderungen berücksichtigt. Was sich am wenigsten verändert hat, sind die Motive: Sie reichen vom Wunsch, sich an Gütern oder immateriellen Werten zu bereichern über Machtgelüste und Geltungsdrang bis zu Rache, Vergeltung und psychischen Problemen. Gerade bei Straftaten wie Brandstiftung oder Kunstzerstörung stehen oft solche persönlichen Motive im Vordergrund.

Pyromanie gilt im psychiatrischen Sinne als Krankheit. Der Täter erlebt starke Unlustgefühle und Spannungen, die sich lösen, sobald die Flammen züngeln. Dann schlägt die Stimmung in ein rauschartiges Hochgefühl um. Dieses Gefühl treibt den Pyromanen immer zu neuen Brandstiftungen. Meist sind es gewissenhafte, höfliche und stark gehemmte Menschen. Oft alarmieren sie sogar selbst die Feuerwehr oder helfen eifrig beim Löschen. Neben der Ersatzbefriedigung für unterdrückte Sexualität spielen oft auch unbewußte Haßgefühle eine Rolle; der Pyromane «rächt» sich für erlittene Schmach oder will mit der Tat imponieren. Wenn dann die Zeitungen darüber berichten, stellt sich ein zweites Hochgefühl ein. Dies führt dann zu den berühmten lokalen Brandserien: hier ein Lagerhaus, dort eine Scheune, und spätestens beim dritten Brand innerhalb eines Monats beginnt dann die fieberhafte Fahndung nach dem Täter. In den Vereinigten Staaten ist man dazu übergegangen, die Schaulustigen bei einem Brand zu filmen – nachts auch mit Infrarotkameras. Polizeipsychologen analysieren dann Mimik und Bewegungen, um den Brandstifter, der sich unter die Zuschauer gemischt hat, zu entdecken.

In der Bundesrepublik Deutschland hat sich die Zahl der nachgewiesenen Brandstiftungen in den letzten dreißig Jahren verfünffacht; die Aufklärungsquote, vorher über die Hälfte, sank auf unter vierzig Prozent. Das ist immerhin noch besser als 1922; damals konnte man nur in etwa jedem zehnten Fall den Brandstifter verhaften.

Von der Höllenmaschine zur Brandstifter-AG

Höllenmaschine, mit der in den zwanziger Jahren ein Attentat auf einen deutschen Polizeiobersten hätte verübt werden sollen. Hauptbestandteile sind ein Wecker als Zeitgeber und ein Trommelrevolver als Waffe.

Ein Müllerbursche bekommt Streit mit einem reichen Bauern, dessen Hof der Mühle gegenübersteht. Der Bursche wechselt seine Stelle, und etwa neun Monate später brennt der Bauernhof bis auf die Grundmauern nieder. Der Großbrand greift auch auf die Mühle über, die aber gerettet werden kann. Auf dem Dachboden der Mühle findet man ein Brennglas, an der Dachluke eine starke Eisenfeder.

Der Müllerbursche hatte damit ein raffiniertes Brandgeschoß mit Zeitzünder gebastelt: Die Feder spannte er mit einer Schnur, am Ende der Feder befestigte er einen pechgetränkten Kranz, unter die Schnur legte er Zündmaterial und richtete ein Brennglas darauf. Nachdem er dieses justiert hatte, bedeckte er es und wartete einige Monate, bis die Sonne nicht mehr daraufschien. Dann entfernte er die Abdeckung und verschwand. Als im nächsten Sommer die Sonne das Brennglas wieder erreichte, setzte sie eines Nachmittags, als die ganze Bauernfamilie auf dem Feld war, den Zunder in Brand. Der Pechkranz fing Feuer, die Schnur brannte durch, die Feder schnellte los und schleuderte das brennende Geschoß durch die Dachluke auf das gegenüberliegende Strohdach.

Diese unwahrscheinliche Geschichte steht in einer Gerichtsakte aus dem Jahre 1838, die ein Professor Groß in seinem Handbuch für Untersuchungsrichter zitiert.

Die ersten «Höllenmaschinen» sind so alt wie das Schießpulver. In ihrer einfachsten Form bestanden sie aus einem hohlen Knochen, mit Pulver gefüllt und mit einer Zündschnur versehen. Im Krieg belud man Schiffe mit Pulverfässern und ließ sie auf gegnerische Hafenanlagen zutreiben. Leonardo da Vinci beschäftigte sich unter anderem auch damit, einen Zeitzünder zu konstruieren.

Nach den Fortschritten der Uhrmacherkunst war es für jeden geschickten Bastler eine Kleinigkeit, Höllenmaschinen zu bauen. Alles, was er dazu brauchte, war ein Wecker, Sprengstoff und ein paar Zutaten. Der Verbrecher schraubte einfach den Griff zum Aufziehen des Läutwerkes ab und ersetzte diesen durch eine andere Einrichtung. Im Falle der chemischen Maschine war das zum Beispiel ein kleiner Säurebehälter. Ging der Wecker los, dann kippte der Behälter und löste chemisch eine Explosion aus. Oder der Klöppel des Läutwerks schlug nicht gegen eine Glocke, sondern zertrümmerte ein Chemikalienfläschchen. Bei mechanischen Höllenmaschinen ließ die Vorrichtung eine geladene Schußwaffe losgehen. Moderne Terroristen verwenden Bomben aus Sprengstoff und Plastikteilen, die von Kontrollgeräten der Flughäfen nur schwer zu erfassen sind. Die Zündvorrichtungen sind dank Mikroelektronik winzig geworden; sie verraten sich nicht mehr durch Ticken und lassen sich auf bestimmte Zeiten oder Flughöhen einstellen.

Ein beliebter Brandstiftertrick war eine Zeitlang die Verwendung einer Hausglocke anstelle des erwähnten Weckers. Der Hausherr verreiste, und wenn tags darauf der Postbote klingelte, löste er einen Brand aus, ohne es zu ahnen. Das Haus brannte ab; nach einiger Zeit kam der Hausherr von seiner Alibireise zurück und kassierte die Versicherungssumme.

Als zu Beginn dieses Jahrhunderts enge Röcke Mode wurden, brannten auffallend viele Fabriken ab, die Unterröcke oder die dafür verwendeten Stoffe herstellten. Die rezessionsgeplagten Fabrikherren legten ihren Versicherungsbetrug gerne in professionelle Hände. Allein in Chicago soll es vor dem ersten Weltkrieg zehn Brandstiftergesellschaften gegeben haben. Sie verfügten über eingespielte Teams von «Wachleuten» und Technikern, auch wurden ihnen Beziehungen zu korrupten Versicherungsleuten nachgesagt.

Die Berliner Morgenpost berichtete in ihrer Mittagsausgabe vom 21. Januar 1913 von einem aufsehenerregenden Prozeß in New York: «... sind infolge der Aussage des Hauptbelasteten fünf weitere Verhaftungen vorgenommen worden. Der Hauptbeschuldigte sagte aus, daß im Laufe von vier Jahren sich über fünftausend Leute an ihn mit der Bitte gewandt haben, ihre Wohnungen anzuzünden. Das System war, billige Möbel möglichst hoch zu versichern, um dann das Haus abzubrennen. Der Profit wurde zwischen den Schadenbeamten der Versicherung, den Versicherten und dem Brandstifter geteilt.»

Brand einer großen Fabrik in Fall River, Massachusetts, USA, 1874. In Rezessionszeiten waren es oft die Fabrikherren selbst, die ihre nicht mehr rentierenden Werke anzünden ließen.

Schlosser und Einbrecher:
ein Jahrtausendkrimi

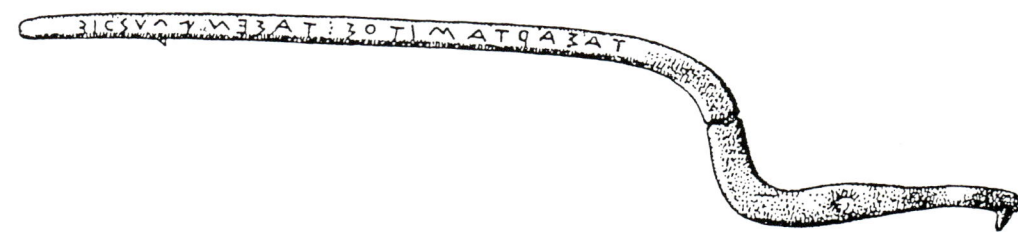

> Beim homerischen Schloß
zieht man den Riegel von aus-
sen mit einem Lederriemen zu.
Den Schlüssel verwendet man
nur zum Öffnen. Es ist ein ge-
bogener Stab, den man durch
ein Loch steckt und den Riegel
zurückstößt, der zu diesem
Zweck an seiner Oberkante
mit Nocken versehen ist, an
denen der Schlüssel einrastet.
Schlüssel waren damals so
groß, daß man sie über die
Schulter tragen konnte.

Die Männer hatten beschlossen, es nachts zu versuchen und dabei keinen Lärm zu machen. Jetzt
standen sie vor der massiven Tür, die das Haus des
Geldwechslers Chryseros verschloß. Der Versuch,
sie aus den Angeln zu heben, hätte den Hausbe-
sitzer oder seine Nachbarn geweckt. Also schob
der Anführer seine Hand sorgfältig durch das
Schlüsselloch und versuchte, den Riegel an der Innenseite der Tür zu fassen und zurückzuschie-
ben... Diese Beschreibung dürfte nicht nur der älteste überlieferte Bericht über einen Einbruch
sein. Sie läßt auch erahnen, wie groß die Schlüssel
damals gewesen sein müssen. Autor ist der römische Dichter Apuleius, und die Geschichte ist im
«Goldenen Esel» nachzulesen, einer Sammlung
von Diebes- und Räubergeschichten aus der Antike. Chryseros, einer der reichsten Bürger The-
bens, war ein ausgesprochener Geizhals. Er
häufte heimlich Gold an und ging in Lumpen, um
keine öffentlichen Verpflichtungen auf sich nehmen zu müssen.

Nach Apuleius' Beschreibung scheint Chryseros
seine Haustür mit einem homerischen Schloß ge-
sichert zu haben — einer Konstruktion, die für Un-
befugte leicht zu öffnen war. Dieses altgriechi-
sche Schloß ist nach dem Dichter Homer be-
nannt; im einundzwanzigsten Gesang der Odys-
see beschreibt er, wie Penelope ein solches
Schloß öffnet: «Sie nimmt den wohlgebogenen
Schlüssel, aus Erz geformt, löst hurtig den Riemen
vom Türgriff, steckt den Schlüssel ein und schiebt
mit zielsicherem Stoß den Riegel zurück. Da
springt die Tür mit Krachen auf, wie ein Stier
brüllt auf blumiger Weide.»

> Altrömisches Schubriegel-
schloß aus Bronze, Syrien

> Dasselbe Prinzip in einem
Holzschloß an einer Salzburger
Almhütte

Den lakonischen Schlüssel schob man in einen senkrechten Schlitz in der Tür, drehte ihn dann um neunzig Grad und tastete mit den Schlüsselenden die Innenseite der Tür ab. Dort befanden sich die beiden Fallbolzen, die im Querschieber einrasteten und diesen blockierten. Die Fallbolzen waren mit Löchern versehen; in diese Löcher mußte man mit dem Schlüssel eingreifen, dann konnte man die Riegel heben und den Querschieber mit dem daran befestigten Lederriemen herausziehen.

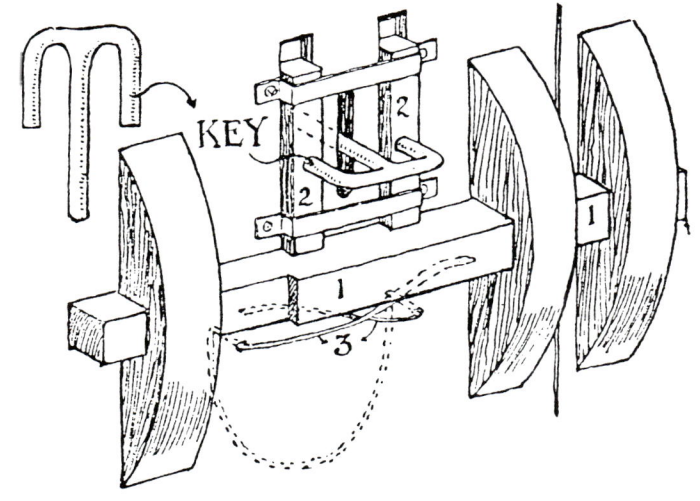

Das homerische Schloß leitet sich von dem gewöhnlichen Riegel ab, den man vermutlich schon in der Jungsteinzeit, als Menschen in Häusern zu leben begannen, innen vor die Tür gelegt hatte. Ein solcher Riegel hatte natürlich den Nachteil, daß er sich von außen nicht öffnen oder schließen ließ. Man konnte sich also nur schützen, wenn man sich in dem Raum befand. So dürfte sich der Riegel zunächst hauptsächlich als Verbarrikadierung vor Angreifern bewährt haben.

So primitiv das homerische Schloß anmutet, so vorteilhaft ist immerhin, daß sich der Mechanismus an der Hinterseite der Tür befindet. Deshalb scheint es sich lange Zeit gegen eine Schloßkonstruktion behauptet zu haben, die im Mittelmeerraum auf die alten Ägypter zurückgeht. Wahrscheinlich haben es die Chinesen, wie so vieles, ebenfalls erfunden: das Fallriegelschloß – Urform des modernen Zylinderschlosses.

Solche Schlösser, aus Holz gefertigt, waren natürlich nicht besonders sicher, denn Einbrecher konnten sie leicht aufbrechen. Trotzdem ist dieses Schloß bis heute über die ganze Erde verbreitet. Man findet es im Mittelmeerraum ebenso wie im nahen und im fernen Osten. Es hat sich bewährt, weil es so einfach ist, daß jeder Bauer, Hirte oder Nomade es mit einfachen Werkzeugen selbst herstellen kann.

Fallende Bolzen, kombiniert mit dem nach homerischer Art auf der Rückseite angebrachten Riegel, brachten um etwa 500 v.Chr. eine wesentliche Verbesserung der altgriechischen Schließtechnik: das lakonische Schloß. Lakonien ist eine griechische Landschaft, in der wegen reicher Erzvorkommen die Schmiedekunst schon früh in Blüte stand. Der lakonische Schlüssel war nicht mehr ein unhandlicher Haken wie beim homerischen Schloß, sondern ein Doppelhaken in Form eines T, wobei die Enden des Querbalkens rechtwinklig zurückgebogen waren.

Dieses lakonische Schloß stellte dem Einbrecher eine etwas schwierigere Aufgabe als das homerische. Bei diesem hatten ein genügend langer Haken oder gar geschickte Langfinger genügt. Bei der verbesserten Ausführung mußte man einen Dietrich oder Nachschlüssel mit dem richtigen Hakenabstand haben. So beschreibt Apuleius in

Die Schlosser demonstrierten
ihre Kunst, verborgene Mechanismen zu fertigen, gerne
auch außen. Hier ein Ziergitter
mit vergoldeten Figuren in
Salzburg.

den erwähnten Diebesgeschichten auch einen Coup, bei dem offenbar ein solches lakonisches Schloß zu knacken war: «Das Einführen des Schlüssels zum Heben der Bolzen war nicht so leicht, so daß der Versuch oftmals wiederholt werden mußte.» Immerhin konnte ein geschickter Einbrecher mit einem verbiegbaren Dietrich und etwas Ausprobieren jedes lakonische Schloß problemlos öffnen.

Die geschützte Anordnung des Riegels hinter der Tür hatte eben ihren Preis: Der Schlüssel mußte einfach sein und war deshalb leicht nachzumachen. Die alten Ägypter hatten mit ihrem Fallriegelschloß den Weg vorgezeichnet. Doch erst die fortgeschrittene Schmiedekunst der Römer brachte die Schließtechnik etwa um die Zeitenwende einen entscheidenden Schritt weiter: zum Ganzmetallschloß aus Bronze oder Eisen.

Im römischen Schloß drückte eine Feder die Fallbolzen nieder. Um sie zu heben, war ein kräftigerer Druck erforderlich, und dies wiederum beeinflußte die Schlüsselkonstruktion. Die Schlüssel wurden stabiler, ihr Bart konnte deshalb komplizierter geformt sein und war somit weniger gut nachzumachen. Ein weiterer Fortschritt hatte durchaus seine zwei Seiten: Die Schlüssel waren jetzt so klein, daß der Hausherr oder die Hausfrau sie sogar als Schmuckstück aus Bronze, Silber oder Gold am Finger tragen konnte. Dafür gingen sie aber auch schneller verloren.

Auf dem Höhepunkt römischer Macht wurden Schlösser und Schlüssel in zahlreichen Variationen industriell hergestellt. In der Saalburg, einem altrömischen Kastell im Taunus, fand man zu Beginn dieses Jahrhunderts bei Ausgrabungen über zweihundert Schlüssel, von denen keiner dem anderen glich.

Der römische Dichter Ovid rät dem Liebhaber, sich einen Nachschlüssel zum Gemach seiner Geliebten anfertigen zu lassen. Der Minnesänger Ulrich von Türheim beschrieb 1240 in einer Fortsetzungsgeschichte zu Tristan und Isolde, wie man zu einem solchen Nachschlüssel kommt: mit einem Wachsabdruck. Der Liebhaber brachte den Wachsabdruck zu einem Schmied, und dieser fertigte in zwei Tagen einen Nachschlüssel an.

Altrömische Schlüsselformen aus verschiedenen Epochen. Mit der Zeit wurden die Formen immer komplizierter, um den Einbrechern ihr Handwerk möglichst zu erschweren. Doch diese hielten stets mit.

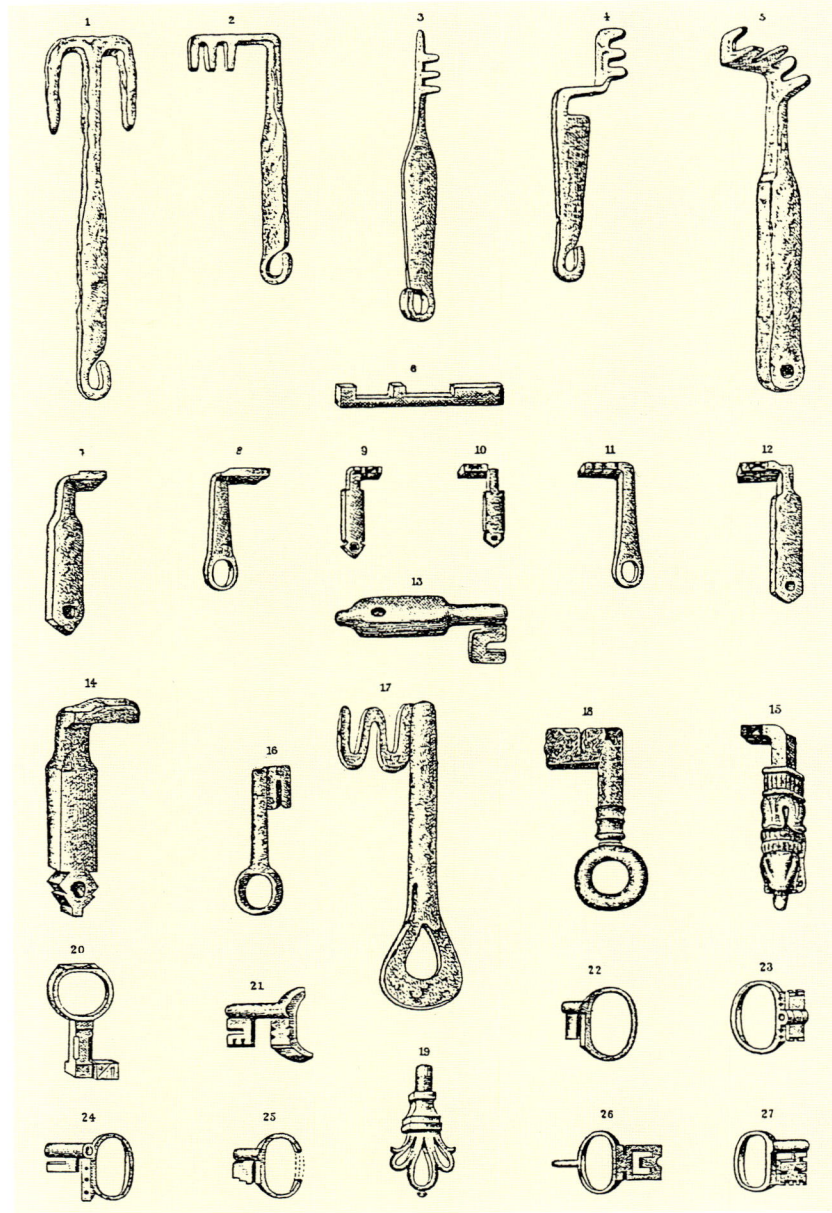

Ähnliche Formen, durch viele Jahrhunderte getrennt: oben ein antiker, unten ein altdeutscher Schlüssel.

Französischer Kammbartschlüssel um 1630: die feinen Einschnitte sollen jeden gröberen Dietrich ungeeignet machen.

Eine alte Kriegslist bestand darin, Spione einzuschleusen, die sich an die Wächter heranmachten und mit ihnen zechten. Dabei drückten sie unbemerkt den Bart des Schlüssels auf ein Wachstäfelchen und sandten dieses an die gegnerische Armee.

Das römische Schloß hatte einen Nachteil, der sich vor allem im kalten Norden negativ bemerkbar machte: Die Tür mußte entweder angelehnt oder recht umständlich mit dem Riegel verschlossen werden. Nicht von ungefähr waren es die Germanen, die das Schnappschloß erfanden: Eine kräftige Feder drückte den Riegel nach außen; dieser war an seinem Ende abgeschrägt, so daß er beim Schließen der Tür hineingedrückt wurde – die Tür fiel ins Schloß. Der dazu passende Schlüssel griff mit dem Bart in einen Hebel am Schnappriegel ein, den er beim Drehen zurückschob.

Das altdeutsche Fallenschloß stammt aus der Zeit, als die Germanen das römische Reich überrannten. Deutschland war damals führend in der Schmiede- und Schlosserkunst. Die besten Handwerksmeister setzten ihren Ehrgeiz daran, ihre Schlösser so einbruchssicher wie möglich zu machen. Dazu brachten sie im Drehbereich des Schlüsselbartes Hindernisse an, sogenannte Eingerichte. Zu diesen paßten die Einschnitte im Schlüsselbart. Nicht nur die Schlüsselbärte wurden immer komplizierter; auch von außen sollte man sehen, daß hier ein Meister am Werk gewesen war. Die Beschläge waren deshalb aufs kunstvollste verziert und bedeckten einen großen Teil der Tür.

Die Schlosserei entwickelte sich in jener Zeit zu einem selbständigen Beruf. Eine Basler Urkunde aus dem Jahre 1424 zählt folgende Angehörige der Schmiedezunft auf: Hufschmiede, Schlosser, Messerschmiede, Waffenschmiede, Nagler, Kupferschmiede, Harnischmacher, Schwertfeger, Holzschuhmacher und Armbruster.

Über die Tätigkeit des Schlossers schreibt ein gewißer Thomas Ganzoni 1659: «Zur der Schmidte gehören auch die Schlosser so allerhand Schloß, Schlüssel, Bände, Kolben, Handhaben, Ring beneben anderem Eisenwerck mehr, so man täglich in d'Haushaltung brauchet, machen können. Der meiste Fleiß aber und Kunst, wird auf die Schlüssel gewendet, daß dieselbige recht unterschieden mit ihren Zähnen, Creuzen, Röhren : darnach befleißigen sie sich auch sehr, daß ihre Arbeit wol gezieret sey, mit aussfeilen, mit polieren, mit flämmen, und anderen Zierden, so in diesem Handwerck bräuchlich sind. Dieses Handwerck gehet sonderlich im schwang zu Venedig, Brescia, Meyland, Nürberg, Augspurg, Braunschweig, und andern Orten mehr, da allerhand Schlüssel und Schlösser gemacht werden zu Statt-Thoren, eisern Geltkisten, gemeinen, kleinen und großen Kisten, da große Kunst angewendet wird.» (Zitiert nach einem Privatdruck der Handwerkerbank Basel, 1977)

Eine Rechtsurkunde aus Bamberg drohte 1329 allen Schmieden eine hohe Geldstrafe an, die aus Abdrücken Nachschlüssel anfertigten. Um dieser Gefahr auszuweichen, erfand der Italiener Giovanni da Fontana um 1420 das Buchstabenschloß. Es bestand aus sechs Walzen, die um eine Achse gedreht werden konnten. Bei einer bestimmten Buchstabenkombination ließ sich die eine Hälfte der Achse herausziehen. Die handschriftliche Beschreibung dieses Schlosses ist in der Staatsbibliothek München aufbewahrt. Andere Quellen nennen den Nürnberger Hans Ehemann (1540) und den Italiener Geronimo Cardano (1557) als Erfinder.

Auf Ehemann geht eine Erfindung zurück, die das altdeutsche Schloß um ein wesentliches Element verbesserte : das sogenannte Gesperre. Das Aufschließen lief jetzt in zwei Phasen ab. Zunächst entriegelte eine halbe oder ganze Umdrehung des Schlüssels das Gesperre, so daß der Schubriegel beweglich wurde, wie er es beim Schnappschloß immer gewesen war. Erst eine weitere Umdrehung bewegte dann den Riegel. Weil man den Schlüssel bei diesem Schloß anderthalb- oder gar zweimal drehen mußte und die französische Kultur nach dem Dreißigjährigen Krieg in deutschen Landen sehr hoch im Kurs stand, nannte man dieses ein Tour- oder französisches Schloß. Dies ungeachtet der Tatsache, daß es nicht in Frankreich, sondern in Nürnberg erfunden worden war. Nürnberg war damals in den mechanischen Künsten weltweit führend : Henlein erfand

Altes Buchstabenschloß aus Nürnberg, 1640

«Geheimschlösser» aus dem Jahre 1420

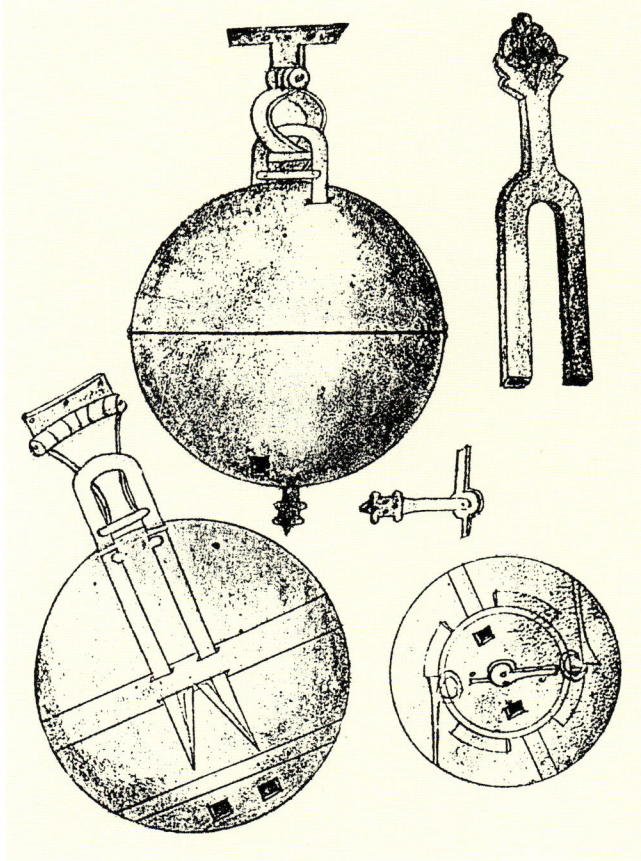

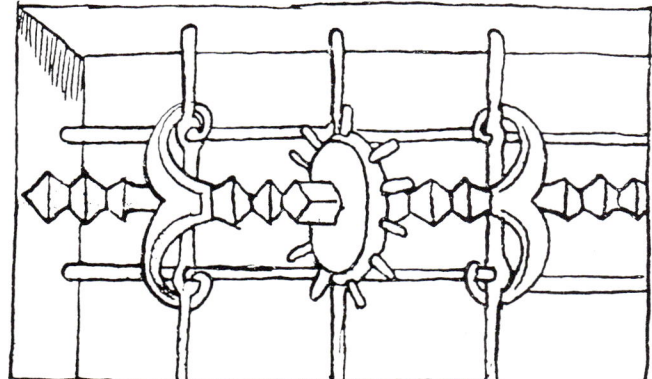

Skizze und erklärender Text zu einer Brechschraube, aus einer technischen Handschrift des Jahres 1535

Zwei Beispiele aus Ramellis «Schatzkammer mechanischer Künste»: Links eine Maschine zum Abwürgen eines Schlosses; rechts eine, mit der sich auch schwere Tore aus den Angeln heben lassen.

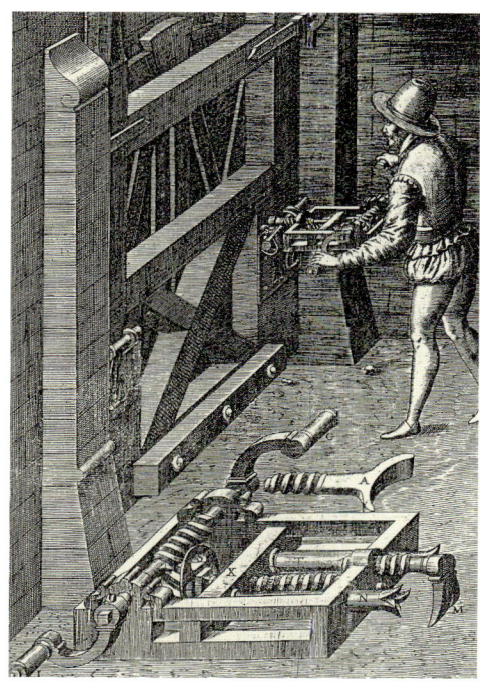

zu jener Zeit seine Taschenuhr, das berühmte «Nürnberger Ei».

Je raffinierter die Schlösser wurden, desto verlockender wurde es für Einbrecher, nicht mit List, sondern mit roher Gewalt vorzugehen. Der Ingenieur Agostino de Ramelli veröffentlichte 1588 in seiner «Schatzkammer mechanischer Künste» unter anderem auch Konstruktionszeichnungen von allerlei Einbruchsvorrichtungen. Zum Beispiel eine «Maschina, mit welcher ein einziger Mann die Eisen eines Gitters leichtlichen und ohne Tumult zerbrechen kan», ein Gerät, mit dem Riegel «ohne sonder großes Gereusch» vom Tor gerissen werden können» und eine Maschine, mit der ein einziger Mann «gar leichtlichen und mit wenig Gereusch die eisernen Stängelein eines Gatters damit von einander bewegen kann». (Zitiert nach einer Schrift des Bundeskriminalamtes Wiesbaden, 1967.)

Die große Betonung, wie leise diese Maschinen seien, sagt wohl alles über ihre Bestimmung aus. Renaissancefürsten waren in der Wahl ihrer Mittel, an die Macht zu kommen, bekanntlich nicht gerade zimperlich. Ramellis Lehrbuch war gewissermaßen das technische Pendant zu Macchiavelli.

Mit den Fortschritten der gewaltsamen Einbruchstechnik waren herkömmliche hölzerne Geldtruhen nicht mehr sicher genug. Sie wurden jetzt mit Eisenblech und mit kräftigen Eisenbändern beschlagen. Im Inneren waren diese frühen Tresore mit einem Riegelwerk versehen, das den Deckel an mehreren Stellen verriegelte. Eine solche Truhe ließ sich kaum aufwuchten; stand sie in Wohn- oder Geschäftsräumen, dann war sie relativ einbruchsicher.

Im sechzehnten Jahrhundert wurden die Schlüsselbärte immer komplizierter. Oft waren die Einschnitte wie bei einem Kamm eng nebeneinander angeordnet. Doch kaum hatte die Schlosserkunst einen neuen Fortschritt gemacht, dauerte es nicht lange, bis die Einbrecher nachgezogen hatten.

Nicht immer war ein Schlüssel zur Hand, den man kopieren konnte. Deshalb entwickelten die Einbrecher Abtastvorrichtungen, um die Eingerichte und Zuhaltungen eines Schlosses von außen zu erkunden: die «Bürste» und den «Kamm». Die Bürste besteht aus feinen Meßingdrähtchen, die in einen Schlüsselschaft eingeklemmt sind. Die Drähtchen sind so schwach, daß sie die Kraft der Zuhaltungsfeder nicht überwinden können und entsprechend abgebogen werden. Nach diesen Verbiegungen kann der geübte Einbrecher seinen Nachschlüssel zurechtfeilen. Der Kamm besteht aus Bleistreifen, die ebenfalls in einen Schlüsselschaft geklemmt sind. Sie überwinden die Kraft der Feder und verbiegen sich an den Sperrungen. Sicherheitsschlösser, die das verhindern sollten, kamen im siebzehnten Jahrhundert auf. Das erste Patent wurde im Jahre 1662 in England erteilt, doch die Beschreibung läßt nicht darauf schließen, daß dieses Schloß wirklich so sicher war, wie sein Erfinder behauptete.

Schlosser und Schloßknacker lieferten sich in jenen Zeiten weltmeisterschaftswürdige Duelle. Bald hatten die einen, bald die anderen die Nase vorn. An diesem Rennen um die Sicherheit beteiligte sich auch der Engländer Joseph Bramah (1749–1814), ein Bauernsohn aus der Grafschaft Yorkshire, der zunächst Kunsttischler war und dann als Erfinder Karriere machte. Im Jahre 1784 ließ er ein Schloß patentieren, das Technikgeschichte schrieb. Das Bramah-Schloß hatte Zuhaltungen, die parallel zur Schlüsselachse verliefen. Nur wenn diese Zuhaltungen exakt in entsprechende Ausschnitte an der Stirnseite des Schlüssels paßten, ließ sich dieser überhaupt drehen.

Bramah war auch der erste, der das Schloß zu einem industriell gefertigen Massenprodukt machte. Die Zuhaltungen konnten auf 494 Millionen verschiedene Arten kombiniert werden. Bramah war von seiner Konstruktion so überzeugt, daß er jedem, der das Schloß ohne passenden Schlüssel öffnen konnte, eine Prämie von zweihundert Guineas versprach.

Tatsächlich dauerte es Jahrzehnte, bis einer kam, der dieses Kunststück schaffte. Sein Name war Alfred Charles Hobbs. Am 23. August 1851 knackte er das Bramah-Schloß. Der Amerikaner Hobbs hatte schon einen Monat zuvor an der Weltausstellung im Londoner Kristallpalast Furore gemacht. Die Firma Chubb stellte dort ihre 1818 patentierten Schlösser aus, die mehrere

Runddeckelkästchen, Deutschland, 16. Jahrhundert. Eisen mit Wismutmalerei.

>
Schlösser und Safes, die 1862 an einer internationalen Ausstellung in London gezeigt wurden.

Venezianischer Geldschrank, Anfang 17. Jahrhundert

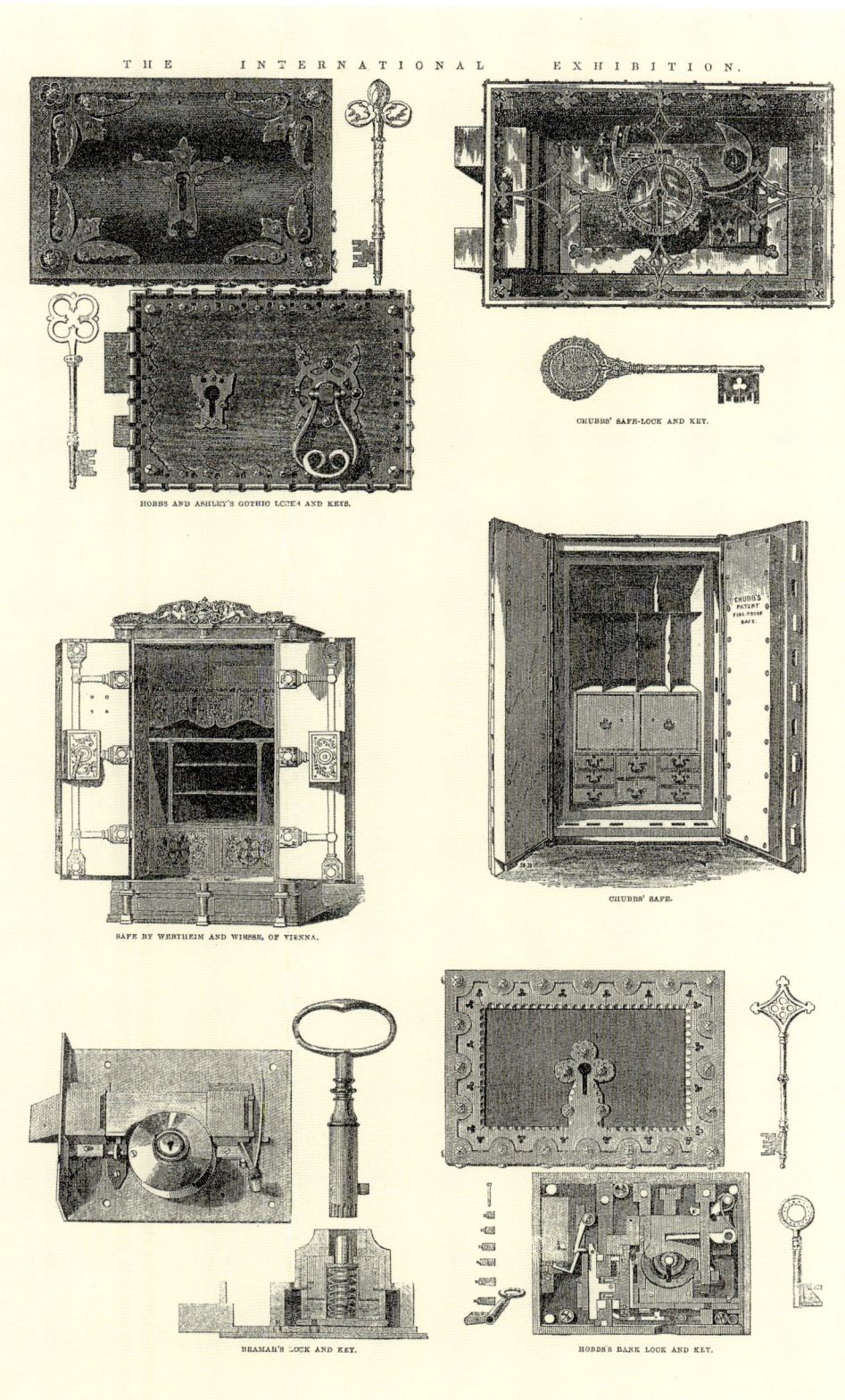

THE INTERNATIONAL EXHIBITION.

HOBBS AND ASHLEY'S GOTHIC LOCKS AND KEYS.

CHUBBS' SAFE-LOCK AND KEY.

SAFE BY WERTHEIM AND WIESSE, OF VIENNA.

CHUBBS' SAFE.

BRAMAH'S LOCK AND KEY.

HOBBS'S BANK LOCK AND KEY.

hintereinander angeordnete hebelartige Zuhaltungen besaßen. Der Schlüsselbart griff durch Fenster in diese Zuhaltungen ein. Da alle Fenster genau gleichgroß und gleich geformt waren, konnte man mit einer «Bürste» oder einem «Kamm» keine Konturen abtasten.

Doch Einbruchskünstler Hobbs schaffte es am 22. Juli 1851 trotzdem, er brauchte dazu nicht einmal eine halbe Stunde. Die Fachwelt war schockiert, allen voran die britischen Banker. Wie sicher waren ihre Tresore nach diesem Coup? Das Humorblatt «Punch» legte ihnen die folgenden Worte in den Mund: «Seit Mister Hobbs das Schloß von Mister Chubb geknackt hat, haben wir nicht mehr ruhig schlafen können. Ist der Koh-i-noor (britisches Kronjuwel, Verf.) sicher?»

Hobbs hatte für seinen Meistercoup ein besonderes Aufsperrgerät entwickelt. Es bestand aus zwei Hebeln, deren eine Achse im Innern der zweiten verlief, ähnlich wie die Achsen des großen und kleinen Zeigers einer Uhr. Beide Hebel ließen sich unabhängig voneinander drehen, vor- und zurückschieben. Mit dem einen Hebel setzte Hobbs den Schließriegel unter Druck. Mit dem anderen tastete er die Zuhaltungen eine nach der anderen ab. Dabei nützte er die Tatsache aus, daß die klemmenden Zuhaltungen, die unter Federdruck gesetzt waren, um einen winzigen Abstand vorstanden. Diesen Abstand, Bruchteile von Millimetern, ertastete Hobbs mit dem Tasthebel und hob dann mit diesem die Zuhaltungen eine nach der anderen an, bis der Riegel frei war.

Hobbs ließ sich mit amerikanischem Sinn für Publicity als der «berühmteste Einbrecher der Welt» feiern, was ihm die zurückhaltenden Briten ziemlich übelnahmen. Der Theatercoup hatte aber durchaus seinen kommerziellen Hintergrund. Hobbs hatte nämlich für die Firma Day & Newell selbst ein Schloß erfunden. Ob er die Mär verbreiten ließ, er selbst könne sein Schloß nicht knacken, wissen wir nicht. Doch auch Meister Hobbs fand seinen Bezwinger. Sein Name: Linus Yale jr. Dieser geniale Schloßkonstrukteur stammt aus einer illustren Familie: Einer seiner Vorfahren hatte die nach ihm benannte Universität gegründet. Schon sein Vater, Linus senior, war Schloßkonstrukteur. Das Yale-Schloß war kein Gedan-

kenblitz, sondern das Ergebnis geduldigen Prö-
belns zweier Erfindergenerationen, die sich offensichtlich ideal ergänzten.

Vater Yale hatte das System der drehbaren Zylinder erfunden, die durch Stifte, die unter Federdruck standen, verriegelt waren. Die Yales griffen
also das Prinzip der Sperrbolzen wieder auf, das
dem altägyptischen Schloß zugrundeliegt. Der
Yale-Zylinder war zunächst nicht als Schloß
gedacht, sondern als zusätzliche Sicherheitsein-
richtung, die an Schlüsseln von Banksafes
angebracht war. Der Safeschlüssel ließ sich erst
drehen, wenn man ihn mit einem kleinen Steckschlüssel entriegelt hatte. Dieser Steckschlüssel
ist der Vorläufer moderner Zylinderschlüssel; aus
dem ursprünglichen Schlüssel, der zunächst noch
ein konventionelles Schloß betätigte, wurde später der fest eingebaute Zylinder.

Geschickte Einbrecher konnten mit der Methode
von Hobbs auch Yale-Schlösser knacken. Dazu
führten sie in den Schlüsselschlitz einen Haken
ein, mit dem sie den Innenzylinder unter Druck
setzten. Mit einem zweiten Hebel, einem gebo-
genen Draht, tasteten sie dann die Zuhaltebolzen
ab. Der Bolzen, der sich am schwersten bewegen
ließ, mußte jetzt vorsichtig soweit angehoben
werden, bis sich der Innenzylinder um einen Milli-
meterbruchteil bewegen ließ. Dann kam der
nächste Bolzen an die Reihe, bis alle Bolzen so angeordnet waren, daß der Zylinder frei drehbar
wurde. Natürlich sind die modernen Zylinderschlösser heute so raffiniert, daß man mit dieser
Methode nicht sehr weit kommt.

Wie schon so oft in der Geschichte der Schließtechnik war damit der nächste Schritt so gut wie
vorgezeichnet, ganz nach dem Motto: Geht's
nicht mit List, so brauch' ich Gewalt. Mit kräftigen
Zangen würgten Einbrecher die aus der Tür vor-
stehenden Zylinder ab. Kegelförmige Manschet-
ten können dies vereiteln, ebenso Zylinder, die
bündig in die Tür eingelassen sind. Der nächste
Schritt war das Aufbohren — wegen des dabei
entstehenden Lärms eine nicht gerade ideale Ein-
bruchsmethode. Im Juni 1987 ließ der deutsche
Erfinder Adalbert Wendt unter der Nummer
G870896.0 ein Gerät patentieren, das man wie
einen Zapfenzieher in den Zylinder bohren und

Das raffinierteste Schloß des
19. Jahrhunderts: Yale-Zeit-
schloß in Verbindung mit Lei-
cher-Stechschloß für Kassen-
schränke und Tresorraumtü-
ren.

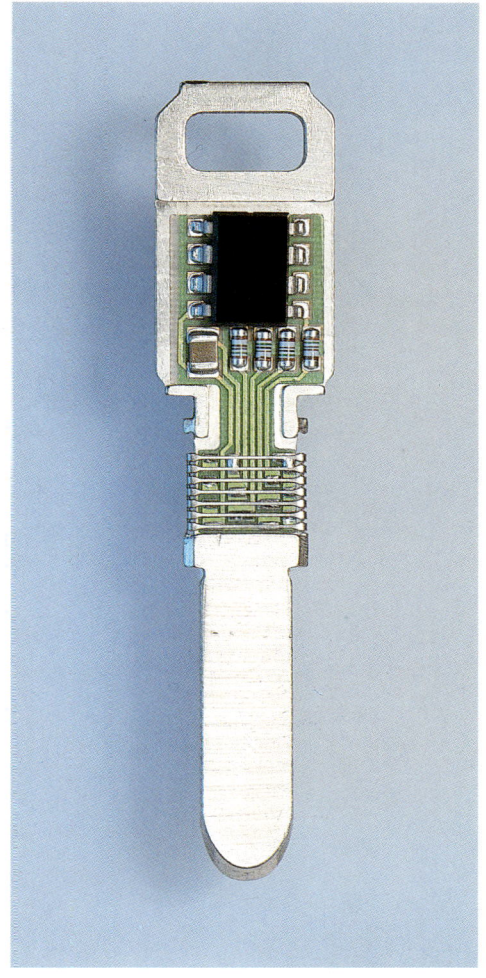

Dieser Schlüssel ist mit moderner Mikroelektronik ausgerüstet. Sie läßt sich individuell für verschiedenste Anforderungen und Aufgaben programmieren.

diesen anschließend herausziehen konnte. «Zieh-Fix» war zwar für Schlosser, Feuerwehr und Polizei gedacht, die Zylinderschlösser oft notfallmäßig zu öffnen haben. Doch da man das Gerät per Postversand bestellen konnte — eine Videokassette, die den Gebrauch erklärte, wurde auf Wunsch mitgeliefert — war ganz klar, welche Kreise sich brennend für die neue Erfindung interessieren mußten.

Doch die Schließbranche reagierte schnell. An der 7. internationalen Fachmesse für Sicherheit 1989 in Zürich präsentierte eine Schweizer Firma einen Sicherheitszylinder, der auch diesen Angriffen widerstand. Gegen das Aufbohren ist er mit spezialgehärteten Zuhaltungsbolzen versehen. Auch parallel zur Schlüsselführung ist ein gehärteter Bolzen eingepreßt. Er lenkt die selbstschneidende Stahlschraube von «Zieh-Fix» in einer vorbestimmten Weise so ab, daß sich das Gewinde der Schraube beim Eindrehen an den gehärteten Bolzen abschleift. Beim Herausziehen rutscht die Schraube aus dem Zylinder, ohne diesen mitzunehmen.

Unser Krimi ist damit längst nicht zu Ende. Im nun folgenden Kapitel lassen wir zwei neue Hauptpersonen auftreten: Wächter und Dieb. Wieder beginnen wir mit einer Szene aus den Anfängen der geschriebenen Menschheitsgeschichte.

Kapitel 5
Bahn frei den Erfindern!

Der Wächter,
der niemals schläft

Diebstahl mit Hilfe eines Luftballons – abenteuerliche Zukunftsvision des französischen Science-fiction-Autors Albert Robida aus dem Jahre 1883. Der Bestohlene ist zwar wachsam, wird durch technische Raffinesse aber trotzdem düpiert. Wie die Technik vor Dieben *schützen* könnte, damit beschäftigt man sich seit Jahrtausenden.

Rhampsinitos war ein äußerst geldgieriger und mißtrauischer König. Herodot, der griechische Geschichtsschreiber, berichtete im fünften Jahrhundert v.Chr., wie der König ein Schatzhaus bauen und was er sich so alles einfallen ließ, um es so sicher wie möglich zu machen. Er soll sogar seine eigene Tochter ins Freudenhaus geschickt haben, um die dort verkehrenden Männer nach möglichen Einbruchplänen auszuhorchen – Herodot merkt an, daß er dies nicht glauben könne. Glaubwürdiger ist aber, daß Rhampsinitos im Garten rund um das Schatzhaus Schlingen legen ließ, in denen sich Einbrecher verfangen sollten. Mit dem gespannten Faden begann die technische Seite eines alten Traumes, der sich nicht nur in der altgriechischen Sage von Cerberus, sondern auch in den Mythen und Märchen vieler anderer Völker ausdrückt: Es ist der Traum vom Wächter, der niemals schläft. Wenn Wachhunde sich nachts auf ihrem Lager zusammenrollen, nehmen ihre Ohren verdächtige Geräusche wahr – sofern diese laut genug sind. Erwachende Hunde beginnen zu knurren, bevor sie losbellen, und schon ist der Dieb gewarnt. Ein Faden erfaßt auch den leise schleichenden Dieb und kann eine Glocke neben dem Ohr des schlafenden Wächters oder des Hausherrn betätigen. Dieses Kapitel befaßt sich mit den manchmal sinnreichen, manchmal eher komischen Erfindungen, die im Laufe der Jahrhunderte aus dieser Idee entstanden sind.

Im Mittelalter spannte man an den zu überwachenden Stellen Fäden oder Schnüre; ihr Ende war im einfachsten Fall mit einem lärmenden Gegenstand verbunden, der herunterfiel und

>
Der Behrenssche Alarmmechanismus aus dem Jahre 1797

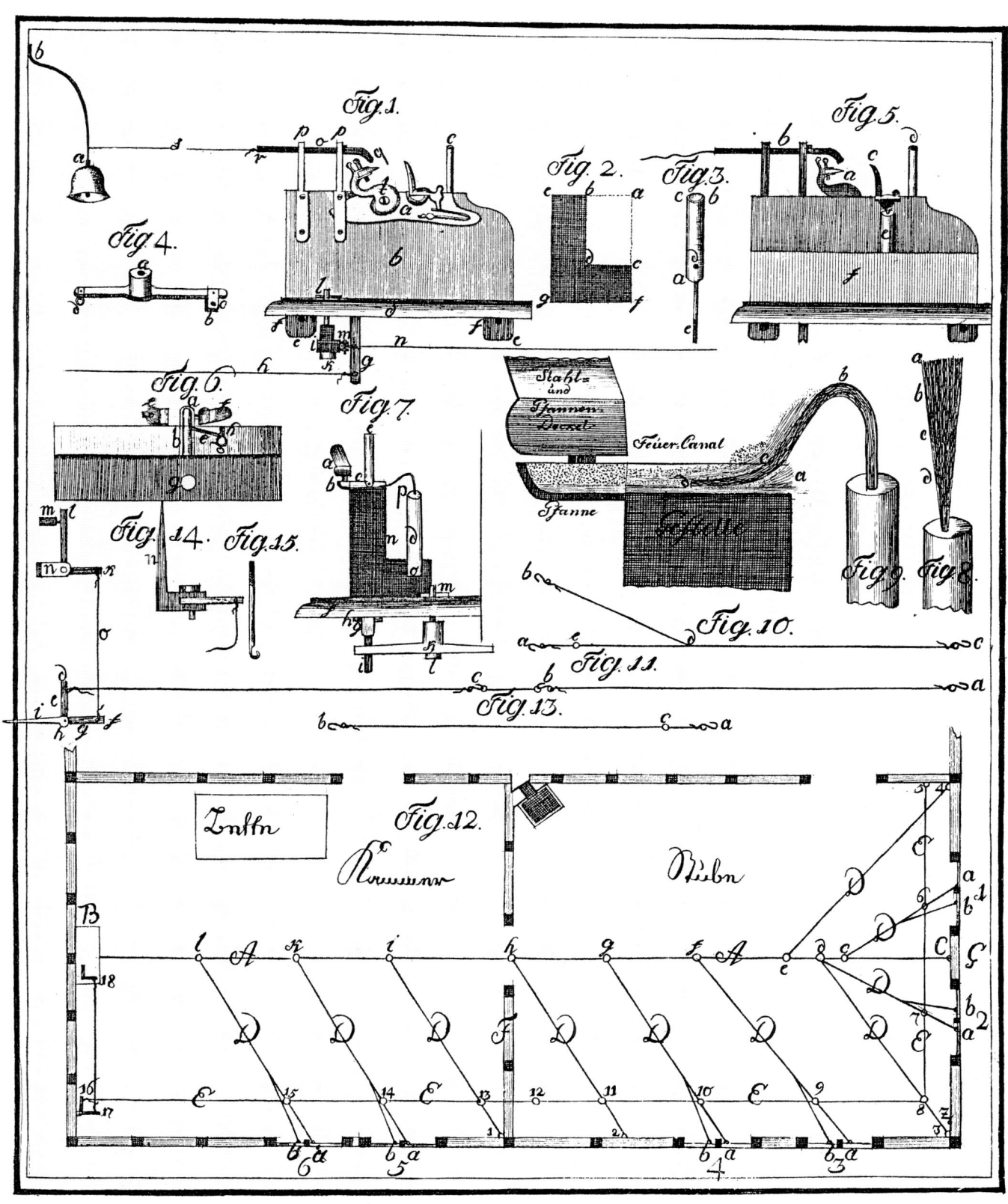

einen Wächter alarmierte. Später bereicherte
man diese Methode durch allerlei Zutaten.

Um 1797 beschrieb ein gewisser Christian August
Behrens einen ausgeklügelten Mechanismus, der
«auf die Annäherung des Diebes schnell ein Licht
anzündet; den Schlafenden nicht allein hiedurch,
sondern auch durch eine, nahe beym Bette ange-
brachte Glocke und starken Knall aufwecket, und
durch diese unerwartete Vorkommenheit, den
beym Einsteigen begriffenen Dieb verscheucht.
Der aus dem Schlafe Erwachende genießet hie-
bey das Angenehme, daß er gleich alles übersehen und erforderlichenfalls zur Noth- und Gegen-
wehr sich zubereiten kann.»

Behrens hatte nicht die Absicht, seine Erfindung
selbst auszuwerten, sondern lieferte eine genaue
Anleitung zum Selbstbau. Man nehme also ein
Flintenschloß oder auch eines von der Pistole, be-
festige es mit Schrauben auf einem Gestell, vorzugsweise aus Buchenholz. Dann montiere man
nach einem in Einzelheiten recht komplizierten
Plan: ein Knallrohr, einen Feuerkanal, verbunden
mit dem Docht einer Kerze, eine Alarmglocke, Fäden kreuz und quer in dem zu schützenden Zimmer, verbunden mit dem Abzug. Dann lade man
das Ganze mit einer gehörigen Portion Schießpulver und lege sich ruhig schlafen.

Zum Schluß, meint der Autor, «verstehet es sich,
daß man den aufgezogenen Hahn am Schlosse
des Morgens in Ruhe setzen, und zuweilen fri-
sches Pulver auf der Pfanne schütten müsse, besonders wenn das Instrument in einem feuchten
Zimmer aufgestellet wäre.» Was tagsüber mit all
den gespannten Fäden im Zimmer geschehen
soll, darüber schweigt sich der Erfinder aus.

Wer andern eine Grube gräbt, fällt selbst hinein.
Dies gilt in ganz besonderem Maße für die Erfindung eines Herrn Lavocat aus dem Jahre 1812.
«Lavocat's Gartendiebs-Falle» besteht aus einer
rechteckigen Kiste, ungefähr einen halben Meter
tief. Oben und in der Mitte besitzt sie je einen
zweiklappigen Falldeckel. Die Kiste gräbt man im
Garten ein, so daß der obere Falldeckel boden-
eben zu liegen kommt. Tritt ein Mensch auf die
Falle, bricht er ein; die zugespitzten Kanten der
Fallklappen, mit Federkraft gegen das Bein ge-
drückt, wirken wie Widerhaken. Zum Befreien

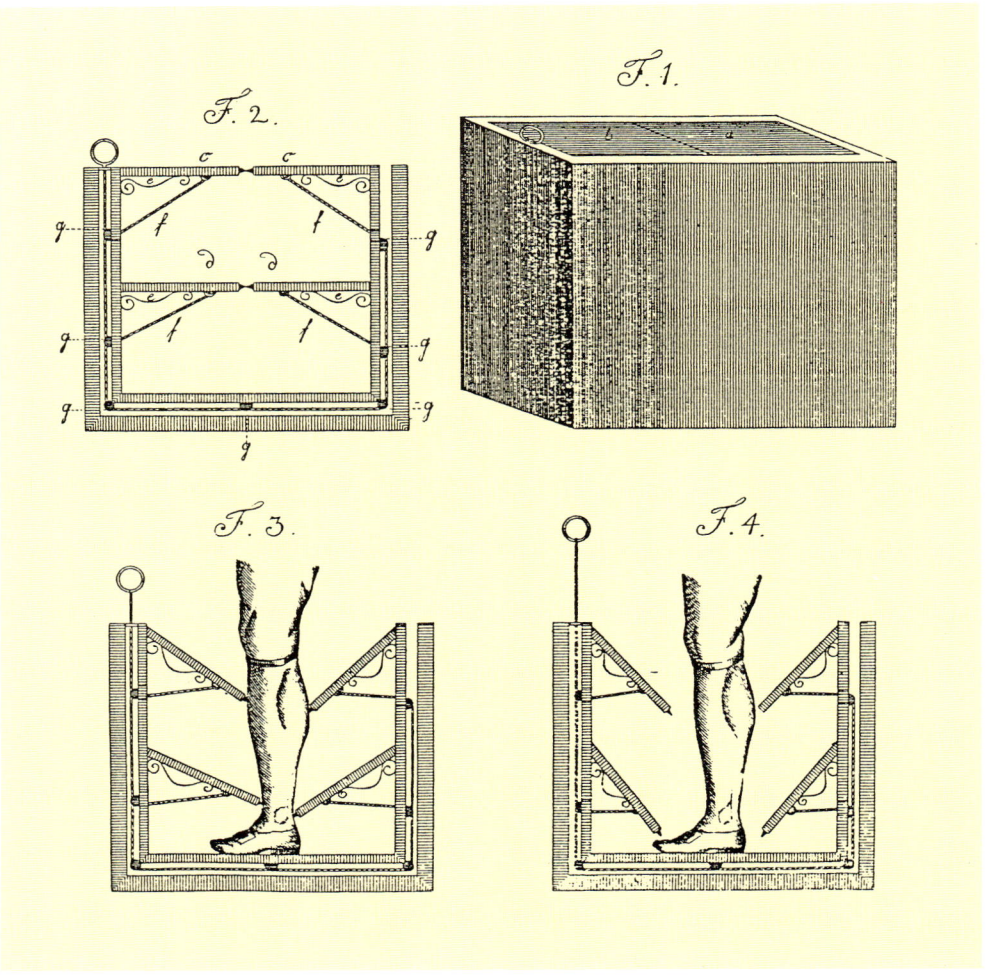

Lavocats Gartendiebsfalle.
Kupferstich aus dem «Magazin aller neuen Erfindungen,
Entdeckungen und Verbesse-
rungen», Leipzig 1812.

betätigt man einen Schnurzug, der zum Glück —
sollte der Gartenbesitzer selbst einmal hineintre-
ten — von der Falle aus zu erreichen ist.

In der zweiten Hälfte des letzten Jahrhunderts
nahmen zahlreiche Erfinder die Idee von sogenannten Selbstschüssen wieder auf. Solche Einrichtungen bezweckten, Diebe und Einbrecher
durch einen unvermittelten Knall in die Flucht zu
schlagen und gleichzeitig Wächter zu alarmieren.
«Wilkinson's Sicherheits-Schloß» wurde von der
Londoner Society of Arts mit einer silbernen Me-
daille ausgezeichnet. Verglichen mit Behrens'
Vorrichtung war es von genialer Einfachheit. Es
funktionierte wie eine Mausefalle, der herunter-
sausende Bügel traf die Zündkapsel eines Knall-
körpers. Die ganze Einrichtung war etwa fünfundzwanzig Zentimeter lang und konnte mit
zwei Schrauben an irgendeinem Türpfosten oder
sonstigen geeigneten Ort montiert werden. Ausgelöst wurde das Ding durch Stolperdrähte.
Schon hundertfünfzig Parkbesitzer, schreibt der
Erfinder Henry Wilkinson in seiner Publikation,
seien dankbare Abnehmer seiner Einrichtung.
«Die Raketen und sonstigen dazu verwendeten
Schüsse» — offenbar wurden sie nicht mitgeliefert
— «müssen durch einen wasserdichten Firnis
gegen die Einwirkung des Regens geschützt werden.»

Dieses Problem versuchte der Berliner Otto Welter mit seinem «Schieß- und Läute-Apparat zur
Sicherung gegen Diebe» zu umgehen, den er am
20. September 1877 patentieren ließ. Sein Apparat ließ keine Rakete zischen, war also bedenken-
los im Innern eines Gebäudes aufzustellen. Auch
hier diente ein Fadenkontakt als Auslöser. Welter
schlug vor, diesen Faden an der Tür zu befestigen; wurde diese auch nur einen Spaltweit geöffnet, schrillte ein Läutwerk, und nach einer bestimmten Zeit detonierte ein Schuß. Diese Zeit-
verzögerung ließ sich an einem Drehrad auf etwa
dreißig Sekunden bis sechs Minuten einstellen.
Die Klingel war dazu gedacht, den Hausherrn zu
alarmieren. Betätigte er selbst die Tür, hatte er
reichlich Zeit, den Alarm abzustellen. Der Schuß
sollte einen möglichen Dieb in die Flucht schlagen. Damit nicht der Dieb den Apparat abstellen
konnte, war dieser mit einem kräftigen Eisenge-

Die erste Vision einer elektrischen Diebesfalle stammt von
Albert Robida.

häuse versehen, zu dem der Eigentümer einen Schlüssel besaß.

Der Brasilianer Carlos Accioli de Azevedo Basto kam auf die Idee, die Alarmeinrichtung direkt in ein Türschloß einzubauen. Sein «Alarmschloß» ließ er 1889 im Deutschen Reich patentieren. Es war, so die Patentschrift No. 49218, «dadurch gekennzeichnet, daß beim Vorschieben des Riegels eine Feder gespannt und der Klöppel einer Glocke in eine derartige Stellung zu einer mit dem Riegel verbundenen Arretirungsvorrichtung gebracht wird, daß dieselbe beim Zurückschieben des Riegels freigegeben und, der Spannkraft der Feder folgend, unter Vermittelung eines entsprechenden Getriebes zum Anschlagen an die Glocke gebracht wird.» Der langen Rede kurzer Sinn: Es war ein Türschloß mit eingebautem Wekkerläutwerk.

Auch François Onésime Blanchot aus Paris erfand ein «Türschloß mit Läutwerk», der Ulmer Andreas Federle ein «Schloß mit Alarmapparat», die Wiener Chaim Wächter und Hermann Gottlieb eine «Alarmvorrichtung», ebenso der Belgier J.L. Petit. Für Reisende war der «tragbare Apparat mit Läutewerk» des Berliners H. Völz bestimmt. Man stemmte ihn von innen gegen die Hoteltür. Beim Versuch, die Tür zu öffnen, rasselte ein Wecker. Einen ähnlichen Apparat, am Drehknopf einer Hoteltür zu befestigen, entwickelte der Amerikaner Patterson.

Einige der beschriebenen Einrichtungen nutzten bereits eine moderne Errungenschaft, um die Läutwerke zu betreiben: Elektrizität. Solche Klingeln hatten den Vorteil, unbegrenzt lange zu ertönen; man konnte sie auch so einstellen, daß sie nicht nervtötend schrillten, sondern eine langsame Folge von Glockenschlägen von sich gaben. Eine solche Einrichtung konstruierten Schäfer und Montanus 1884 in Frankfurt a.M.

Die Elektrizität leitete eine neue Ära der Alarmtechnik ein. Zunächst diente sie nur als Energiequelle. Erst weitere Fortschritte in der Kontakt- und Isoliertechnik erlaubten den Schritt vom Stolperdraht zum Stromkreis. Jetzt konnte man einen ständigen «Wächterstrom» zirkulieren lassen, der ein Relais anzog. Das Relais war nichts anderes als eine Klingel ohne Unterbrecherkontakt.

Durch einen Alarmapparat verhinderter Einbruch, Zeichnung aus der «Bibliothek der Unterhaltung und des Wissens», 1922. Der Alarmruf «Hilfe! Einbrecher! Diebe! Polizei!» ertönt aus dem Lautsprecher.

Den Stromkreis ließ man so über neuralgische Stellen laufen, daß ein Unbefugter seinen Fluß unterbrechen mußte: Das Relais fiel ab, schloß einen Alarm-Stromkreis, der eine Klingel in Bewegung setzte. Neben solchen «Ruhestromanlagen» gab es auch solche mit «Arbeitsstrom», der nur im Alarmfall floß. Beide Anlagetypen hatten ihre Vor- und Nachteile. Ruhestromanlagen testeten sich sozusagen immer selbst; fiel aus irgendeinem Grund der Strom aus, dann ging der Alarm los. Dasselbe geschah, wenn ein besonders schlauer Einbrecher glaubte, das Problem mit der Kneifzange lösen zu können. Ihre Achillesferse waren die Kontakte: Ein geschickter Einbrecher konnte sie überbrücken.

»Meine Einbruchdiebstahl-Versicherungsgesellschaft hat mir den Vertrag gekündigt. Ich bin nun auf mich selbst angewiesen und möchte meinen Laden ganz besonders gut sichern. Könnten Sie mir mit Rat beistehen und mir eine bewährte Ladensicherung empfehlen? – Solche und ähnliche Zuschriften», schreibt die Deutsche Uhrmacher-Zeitung im Jahre 1919, «sind in letzter Zeit besonders häufig an uns gerichtet worden.»

Deutschland hatte den ersten Weltkrieg verloren und stand mitten in einer Wirtschaftskrise. Alles war knapp, der Schwarzhandel blühte, und Einbrecher hatten Hochkonjunktur. Neben patentierten Verriegelungen für Schaufenster-Rolladen veröffentlichten die Uhrmacherzeitschriften auch detaillierte Anleitungen, nach denen Uhrmacher ihre elektrischen Alarmanlagen selbst bauen konnten.

Gewöhnliche Türkontakte, wie sie tagsüber eintretende Kundschaft anzeigen, waren kaum zu empfehlen, denn Einbrecher konnten sich darauf einstellen und sie auf relativ einfache Weise ausschalten. Unauffälliger seien Kontakte, die in Tür- und Fensterrahmen eingelassen sind, schreibt die Leipziger «Uhrmacherwoche» 1919. Das geschlossene Fenster drückt auf eine Hartgumminocke, die die Kontaktfeder abhebt. Wird das Fenster geöffnet, biegt sich die Feder in ihre Ruhelage und schließt einen Stromkreis. Auch Rolladen-Schleifkontakte und Trittkontakte (unter dem Teppich versteckt) gab es damals im Fachhandel zu kaufen. Da schlüsselfertige Anlagen für

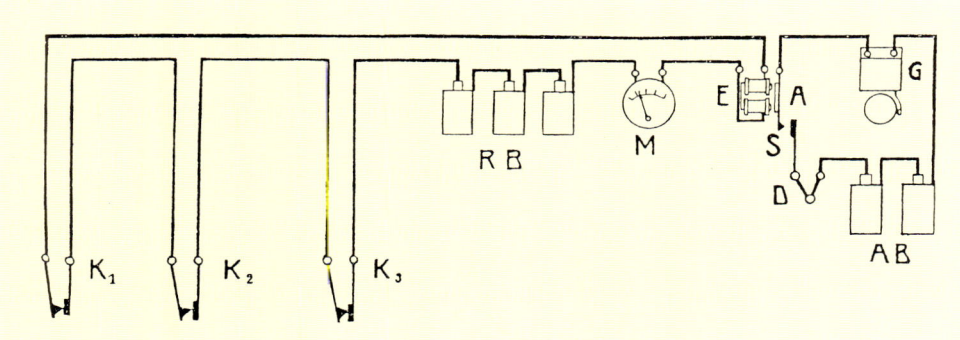

Alarmanlagen auf dem damaligen Stand der Technik waren in den zwanziger Jahren für kleine Ladenbesitzer unerschwinglich. Dieses Schema zum Selberbasteln stammt aus der deutschen Zeitschrift «Die Uhrmacherwoche». Es handelt sich um eine sogenannte Ruhestromanlage. Solange Strom durch die Kontakte K1 bis K3 fließt, bleibt alles ruhig. Denn der Anker A des Relais B bleibt angezogen, der Arbeitskontakt S offen. Sobald sich ein Einbrecher an Türe oder Fenster zu schaffen macht, unterbricht er den Stromkreis der Ruhebatterie RB, der Anker fällt ab, der Stromkreis der Arbeitsbatterie AB schließt sich, die Alarmglocke G schrillt.

einen kleinen Uhrmacher unerschwinglich
waren, bastelte er alles selbst: mit Salmiak-, Mei-
dinger- oder Krügerelementen als Stromquelle
(regelmäßig zu warten), mit Leitungen aus bestem Material, vorzugsweise «Manteldrähte»
oder wie Starkstromkabel in Isolierrohren verlegt,
mit Klingeln, deren wichtige Teile nicht gelötet,
sondern genietet sein mußten, und mit einem
Voltmeter zur Anzeige der Betriebsbereitschaft.
Die Batterie, so wurde empfohlen, sei vorzugsweise im Schlafzimmer aufzustellen, damit der
Einbrecher nicht einfach die gesamte Anlage tot-
legen könne.

Auch für Reisende gab es inzwischen eine elektri-
fizierte Version des tragbaren Alarmapparates.
Sinnigerweise war er als Buch getarnt. Im Innern
der Attrappe befanden sich eine Leclanché-Trok-
kenbatterie und eine Klingel, dazu ein ganzes
Sortiment von Kontakten, die der Hotelgast an
Türen oder Fenstern anbringen konnte.

In den frühen zwanziger Jahren hatte die
Sicherungstechnik bereits enorme Fortschritte
gemacht. Als besondere Sensation galt das «elektrische Auge». Sein Herzstück war eine Selen-
zelle, bestehend aus einer doppelten Drahtwin-
dung, die mit einer Selenverbindung überbrückt
war. Diese leitete Strom, sobald Licht darauf fiel,
im Dunkeln ließ sie nur noch wenig Strom passieren. Drang ein Einbrecher durch den aufgewuch-
teten Rolladen oder durch eine Wand ein oder
zündete er auch nur ein Streichholz an, um sich
zurechtzufinden, dann löste das «elektrische
Auge» einen Alarm aus.

Solche Hi-Tech-Errungenschaften waren jedoch
für kleine Ladenbesitzer so gut wie unerschwinglich. Die Weltwirtschaftskrise näherte sich ihrem
Höhepunkt, in Deutschland galoppierte die Infla-
tion in einem nie gekannten Tempo, und nicht jeder Uhrmacher war ein talentierter Elektrobast-
ler. So dürften viele eine neue Erfindung begrüßt
haben, die Ingenieur S. Nelken 1923 in der «Uhr-
macher-Woche» anpries: einen elektrischen Fadenkontakt, Marke «Raupa». Er setzte das uralte
Prinzip auf neue Weise um. Die Einrichtung war
kaum größer als ein Klingelknopf und konnte an
die bereits vorhandene Hausklingelanlage angeschlossen werden. Weitere Installationen waren

Elektrische Kontakte, kombiniert mit einem gespannten
Faden, waren in den zwanziger Jahren eine Neuheit auf
dem Markt für Alarmeinrichtungen.

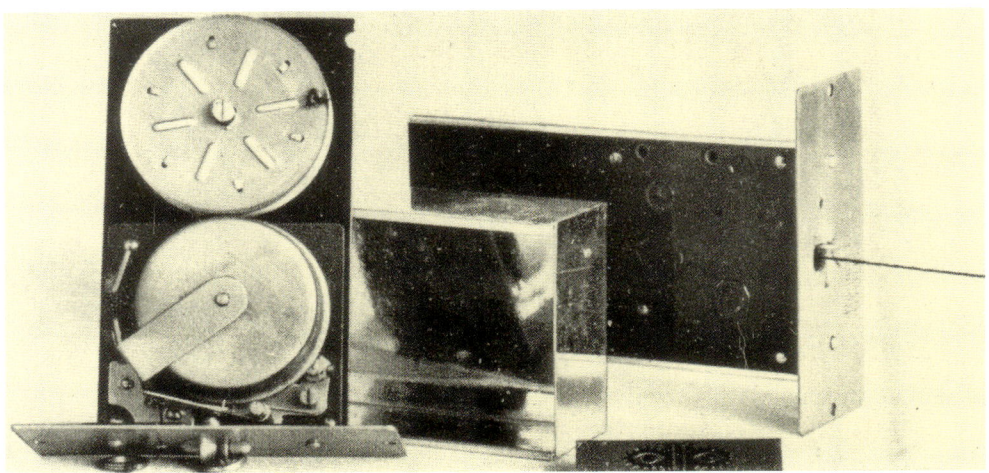

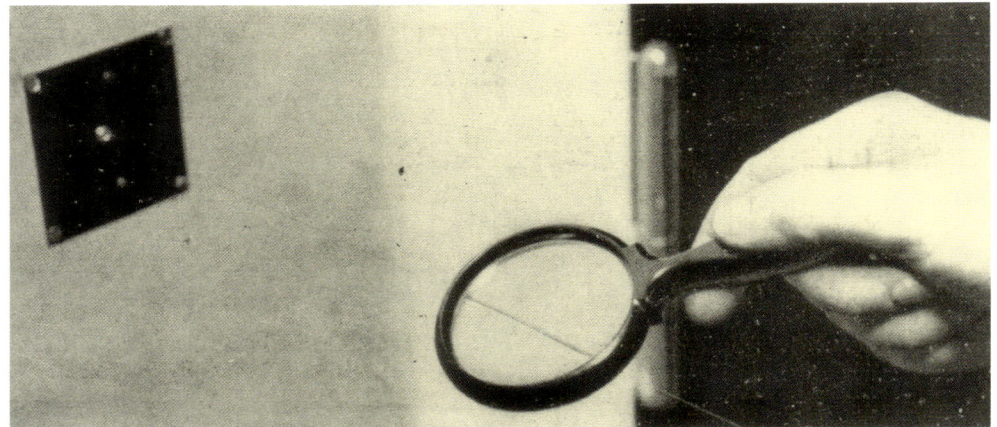

Die gespannten Fäden, die bei
der leisesten Berührung empfindliche Kontakte betätigten,
waren nur unter der Lupe zu
erkennen, wie eine damalige
Werbeschrift behauptete.

In amerikanischen Banken bewährte sich ein Spiegel hinter dem Schalter. So blieb der Bankangestellte außerhalb des Schußwinkels von eventuellen Räubern geschützt in einer gepanzerten Nische.

nicht erforderlich. Man spannte einen dunklen Zwirnfaden etwa dreißig Zentimeter ab Boden quer durch den zu schützenden Raum und hängte ihn mit dem Haspel als Gewicht über den Kontakt. Stieß ein Eindringling gegen den Faden, löste der Kontakt einen Daueralarm aus, der nur mit einem besonderen Schlüssel abzustellen war. Das Verfahren sei praktisch und «bereits mit bestem Erfolg erprobt», schrieb Nelken.

Jetzt tauchten auch die ersten Erschütterungssensoren auf. Die «Vibrationskontakte» bestanden aus einer pendelnden oder schwingenden Stahlfeder, die einen Stromkreis öffnete oder schloß. Dann gab es die Fallkontakte, die bei Erschütterungen ihr Gleichgewicht verloren und kippten, wobei ein Gewicht herunterfiel und eine Kontaktfeder betätigte. Beide Kontakte, so Nelken, seien «mit besonderer Vorsicht zu verwenden» und nur da einzubauen, wo keine Gefahr vorliege, daß zufällige Erschütterungen auftreten.

Die Deutsche Bauausstellung in Berlin zeigte 1932 ein beachtliches Arsenal an technischen Einbruchsicherungen. Das Berliner Polizeipräsidium hatte mit seiner seit 1921 bestehenden Beratungsstelle des technischen Sicherheitsdienstes, verbunden mit einer permanenten Ausstellung «erprobter mechanischer Abwehrsysteme», eine Institution geschaffen, die in Polizeikreisen als vorbildlich galt. Für Büro- und Geschäftsräume gab es jetzt einen kompletten «elektroautomatischen Raumschutz» mit weitestgehenden Kombinationsmöglichkeiten. Türfüllungen waren mit elektrischen «Störkreissystemen» so sensibilisiert, daß der geringste Angriffsversuch mit einem Einbruchswerkzeug über besondere Kontakte Alarm auslöste. Ähnliche Einrichtungen gab es auch für Schlösser; wer sie mit einem Dietrich zu öffnen versuchte, schaltete einen eingebauten Kontakt ein. Die Fadenkontakte waren jetzt aufs höchste perfektioniert: so empfindlich, daß man den Faden mit der Lupe suchen mußte, und mit einem eingebauten Rotor versehen, der Fadendehnungen durch Feuchtigkeits- und Temperaturschwankungen ebenso ausglich wie Erschütterungen. Dünn wie Spinnweben spannten sich solche Alarmfäden über Gemälde, Gobelins und sonstige Wertgegenstände, liefen quer durch Gänge und Räume, schützten selbst offene Fenster. Ein «Pneumo-Fußbodenschutz», unter Teppichen oder an Wänden auf oder unter Putz verlegt, reagierte auf jeden Tritt und schützte die Wände vor Durchbrüchen. An Alarmeinrichtungen gab es neben Läutwerken, Sirenen und elektrisch betätigten Schreckschußpatronen auch eine Fassaden-Leuchtschrift «Überfall, Einbruchdiebstahl!». Als Schutz vor Schaufensterdieben war an der Ausstellung ein Sturzpanzer zu bestaunen. Zertrümmerte der Einbrecher das Glas, dann sauste der Panzerladen, von außen nicht sichtbar, wie ein Fallbeil nieder. Einige Modelle waren auch als harmlose Sonnenstoren getarnt. Vom «elektrischen Auge» der frühen zwanziger Jahre war der Schritt zur Lichtschranke nicht mehr weit. Sie ersetzte den umständlichen Faden, über den auch Zutrittsberechtigte stolpern mußten, durch die körperlose Strahlung des Lichts. Doch solange dieses Licht sichtbar blieb, konnte es sich als Barriere gegen Diebe und Einbrecher nicht durchsetzen. Den Durchbruch schaffte erst eine Erfindung des amerikanischen Physikers und Ingenieurs Robert C. Burt vom California Institute of Technology. Er baute 1928 die erste Ultraviolett-Lichtschranke. Trat ein Mensch zwischen Sender und Empfänger, wurde der unsichtbare Lichtstrahl unterbrochen und ein Alarm ausgelöst. Der deutsche Ingenieur Professor Karolus entwickelte auf dieser Grundlage eine neue, revolutionäre Alarmanlage, die aus drei Teilen bestand: einem Ultraviolett-Strahler, einem Empfänger mit Photozelle und einem statischen Relais. Sender und Empfänger waren mit je einem Parabolspiegel versehen, der die Lichtstrahlen bündelte.

Leichter als Ultraviolett ist Infrarot zu erzeugen, denn jede Wärmequelle sendet infrarote Strahlen aus. Doch bei den Sensoren war es damals genau umgekehrt. Da es noch keine zuverläßigen Infrarot-Detektoren gab, setzte sich zunächst einmal die Ultraviolett-Lichtschranke durch. Doch bereits 1930 baute der Ingenieur Haase aus Hannover die erste «Raumsicherung gegen Einbruch durch unsichtbare Wärmestrahlen» – Vorläuferin der modernen Infrarot-Lichtschranke. Als Sender

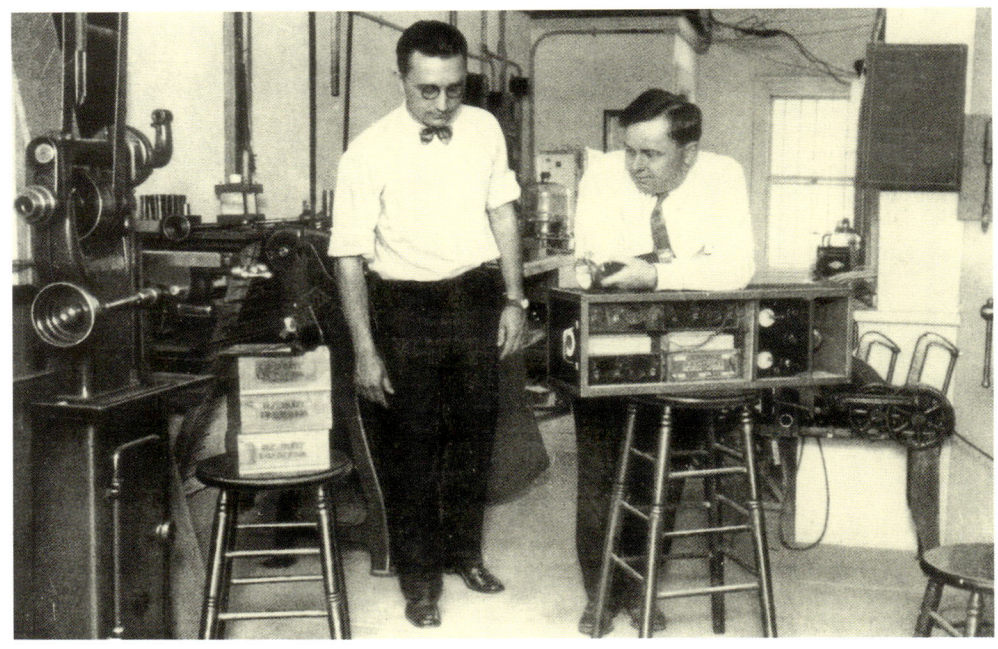

Der kalifornische Erfinder Robert C. Burt mit seiner Ultraviolett-Lichtschranke

Statisches Relais, das Herzstück der UV-Lichtschranke des deutschen Professors Karolus

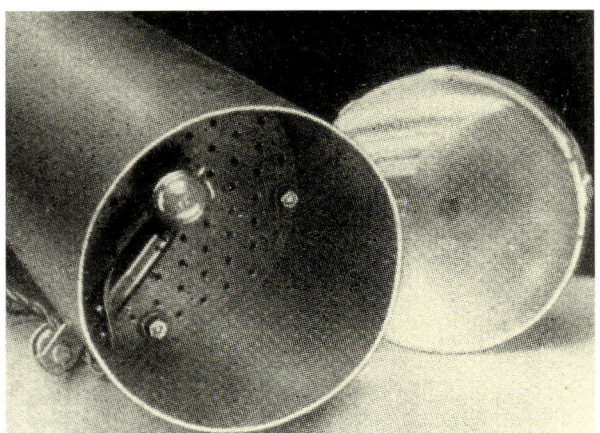

Der Ultraviolett-Strahler von Prof. Karolus, geöffnet, mit danebenliegendem Parabolspiegel.

«Der blitzartig niederfallende Sturzpanzer riegelt automatisch ein eingeschlagenes Schaufenster ab», heißt es in einer technischen Beschreibung des Jahres 1932. Die Anlage schaltet sich mit einer Kontrolluhr selbsttätig ein.

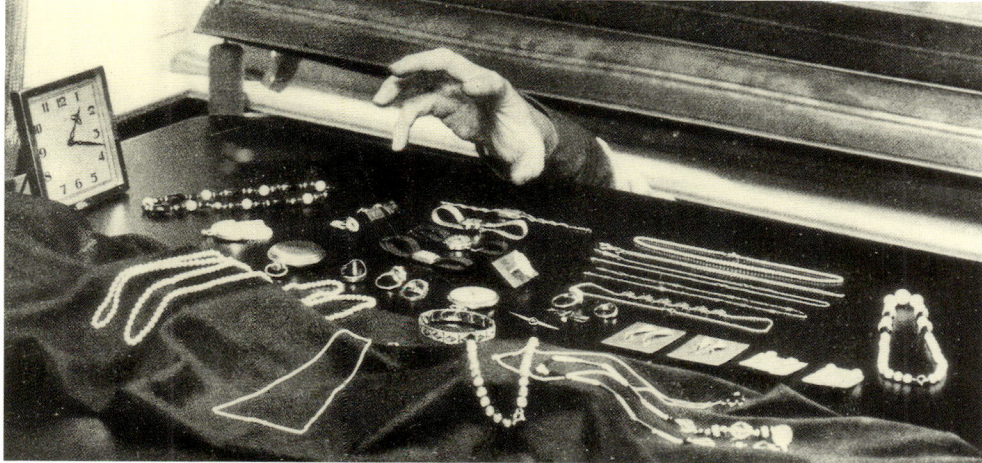

Der Dieb, der seine Hand nicht rechtzeitig zurückzog, hatte das Nachsehen, wie dieses dramatisch arrangierte Werbefoto zeigt.

diente eine kleine Scheinwerferlampe mit Filtern und einem Verschluß, der das Infrarot zu einem etwa zwei Zentimeter dicken Strahl bündelte. Reflexspiegel lenkten den Strahl in den gewünschten Richtungen durch den Raum. Im Empfänger traf er auf ein Thermoelement, das an ein empfindliches Galvanometer angeschlossen war, einen Stromzeiger, der einen Kontakt betätigte.

Je aufwendiger die Sicherheitstechnik wurde, desto mehr richtete sie sich auf einen ganz bestimmten, exklusiven Kundenkreis aus. Die kleinen Ladenbesitzer der Einkaufsstraßen mochten sich mit ein paar Tür- und Fensterkontakten begnügen oder jeden Abend unverdrossen ihre Alarmfäden spannen. Doch Banken und große Handelshäuser mußten höchst interessiert sein, ihre Werte nicht nur mit dicken Mauern und Panzerschränken, sondern auch mit modernster Technik zu schützen.

Daß Tresore keinen zuverlässigen Schutz garantierten, zeigt folgendes Beispiel. Am 29. September 1925 brach eine fünfköpfige Panzerknackerbande in das Bezirksamt Tempelhof ein; der für seine spektakulären Coups berühmte Peter Pawlak schweißte den Tresor in kurzer Zeit auf. 300'000 Mark Lohngelder fielen den Gangstern in die Hände. Sie hatten alles gut vorbereitet und arbeiteten zwischen zwei der stündlichen Wächtertouren, die sie vorher gut ausgekundschaftet hatten. Durch einen Zufall wurde die Bande später gefaßt.

Der erwähnte Sicherheitsingenieur Nelken besuchte später die beiden führenden Köpfe der Bande im Gefängnis und fragte, wie sie sich elektrischen Anlagen gegenüber verhalten. Pawlak sagte, er sei ein Vorsichtskandidat und nicht gewillt, sich bei der Arbeit erwischen zu lassen, deshalb gehe er solchen Anlagen aus dem Weg. Sein Komplize Schultz hingegen wußte, wie man Arbeitsstromanlagen ausschaltet und Ruhestromanlagen überbrückt, und wie man die beiden voneinander unterscheidet. Auf die Frage, wo er das gelernt habe, antwortete Schultz: «Das liegt in mir, das machte ich schon als fünfzehnjähriger Junge. Wenn ich eine Sicherheitsvorrichtung sehe, denke ich immer gleich daran, wie man sie außer Funktion setzen kann. Und ich muß sagen,

ich finde immer wieder einen Weg, es zu tun.»
Nelken lächelte skeptisch, und darauf rückte
Schultz mit einigen Tricks heraus. Natürlich hütete sich der Ingenieur, sie zu veröffentlichen,
merkt aber an: «... in der Tat genial.»

Ein unbewachter Tresor ist alles andere als sicher.
Denn einen idealen, unknackbaren Panzer-
schrank hat es nie gegeben und wird es nie
geben. Doch je schwerer er gebaut ist, desto
mehr zwingt er den Einbrecher zu geräuschvollen
oder sonstwie auffälligen Unternehmungen. Er
verlängert auch die «Arbeitszeit» am Tatort. Dies
alles hat jedoch nur einen Sinn, wenn der Tresor
bewacht ist.

Bereits 1876 beschrieb «Dingler's Polytechnisches Journal» eine elektrische Sicherheitsvorrichtung für Geldschränke. Sie sollte «unbefugtes
Anbohren und Öffnen» verhindern — der
Schweißbrenner war damals noch nicht erfunden. Die Erfindung des Meißener Ingenieurs Louis
Rentzsch bestand aus einem Rahmen, der dicht
mit Telegraphendrähten bespannt war. «Sobald
nun ein Unberufener den Schrank zu öffnen oder
anzubohren versucht, so muß er unbedingt erst
einen dieser Drähte an irgend welcher Stelle zerstören, worauf sofort eine auf beliebigem Platze
befindliche, aber mit den Drähten in Verbindung
stehende Lärmglocke ertönt», heißt es in der Beschreibung. «Selbst das Abreißen des Rahmens
vom Schranke, oder das Zerschneiden der Zulei-
tungsdrähte verursachte sofort ein kräftiges Läuten der Glocke.» Es handelte sich also um eine Ruhestromanlage. Mit ihr konnte man auch Türen
und Fenster gegen Einbruch sichern.

Während sich die Tresortechnik mit immer raffinierteren Schlösser und Panzerungen weiterent-
wickelte, blieb auch die Technik der Tresorüber-
wachung nicht stehen. Auf den wachen Blick des
Wächters angewiesen war das sogenannte «Tre-
soroskop», eine Art eingebautes Fernrohr für Tre-
sorräume. In Mauern oder Panzerwänden eingebaute Lauschmikrofone übertrugen verdächtige
Geräusche direkt in die Überwachungszentrale
oder lösten einen Alarm aus. Erschütterungskon-
takte sprachen auf jede geringste Gewalteinwir-
kung an — oft aber auch auf vorbeifahrende Lastwagen, was zahlreiche Fehlalarme auslöste. Da-

<
Herstellung von Kassenschrän-
ken, 19. Jahrhundert in den
Hollar's Sicherheitswerken in
York, Pennsylvania, USA. Im
Uhrzeigersinn von oben: Fa-
brikansicht, Fächerherstellung,
Mischerei und Füllerei, Ein-
bruchschutzabteilung, Male-
rei, Schmiede, Feuerschutzab-
teilung, in der Mitte die Schlei-
ferei.

Tresorpendel, Marke «Baupa»,
montiert an einem deutschen
Geldschrank in den dreißiger
Jahren. Das Tresorpendel reagiert auf Verbiegungen, die
beim Versuch, den Panzer aufzuschweißen, unweigerlich
entstehen.

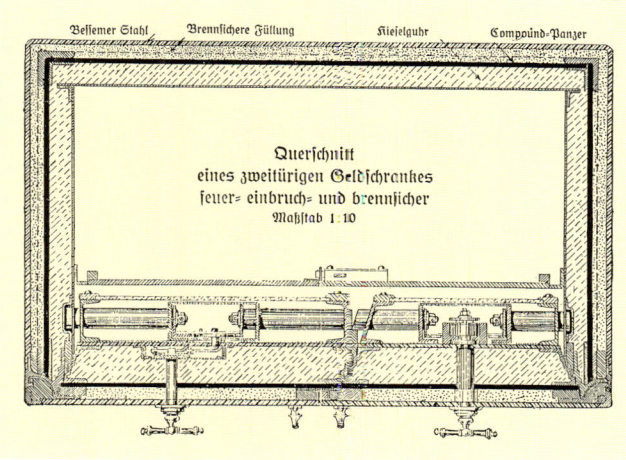

Querschnitt eines feuer-, ein-
bruch- und aufschmelzsiche-
ren Geldschrankes der Firma
Panzer AG in Berlin, 1910. Die
Panzerung besteht von außen
nach innen aus folgenden
Schichten: Bessemer Stahl,
«brennsichere Füllung» gehei-
mer Zusammensetzung, Com-
pound-Panzer (zusammenge-
setzt aus verschiedenen Pan-
zerplatten), Kieselgur.

mals gab es eben noch keine Einrichtungen, die
es erlaubten, verdächtige von harmlosen Erschütterungen zu unterscheiden.

Findige Ingenieure kamen deshalb auf eine andere Idee: statt auf allgemeine Erschütterung
konzentrierten sie sich auf Verbiegungen, die an
einem Tresor entstehen, wenn ein Einbrecher sich
daran zu schaffen macht. Eine rohrförmige Vorrichtung, außen am Tresor angebracht, über-
brückte den Türspalt. Im Innern dieses «Tresor-
pendels» befand sich ein Hebelsystem mit einem
Taststift und einem elektrischen Kontakt. Bewegte sich der Taststift auch nur um den Bruch-
teil eines Millimeters, dann betätigte er den Kontakt. Beim Versuch, den Tresor aufzuschweißen,
verbog sich das Metall und ließ das Tresorpendel
ansprechen. Wer glaubte, die Einrichtung ausschalten zu können, löste erst recht einen Alarm
aus.

Was war aus dem alten Sicherheitstraum vom
stets wachen Wächter geworden? Nun, die Tech-
niker durften durchaus stolz sein auf die erstaun-
lichen Fortschritte, die sie in wenigen Jahrzehnten gemacht hatten. Doch nach wie vor blieb der
Traum unerfüllt, auch wenn sich am Horizont
schon das neue Zeitalter der Sensorik abzuzeich-
nen begann (siehe Seite 142).

Moderner Kassenschrank

Verhüten ist besser als Löschen

Feuersichere Ballettkleider gab es im neunzehnten Jahrhundert noch nicht. Aber immerhin waren die Löschdecken, die man für solche Fälle bereithielt, feuerhemmend imprägniert.

Kein Feuer ist so leicht zu löschen wie eines, das erst gar nicht brennt. In den Belagerungskriegen des Altertums mag mancher Feldherr verwünscht haben, daß seine hölzernen Belagerungstürme von den Verteidigern so leicht in Brand geschossen werden konnten, während die steinernen Mauern der Burg, gegen die er anstürmte, jedem Feuer trotzten. Konnte man denn Holz nicht unbrennbar machen wie Stein? Ungeduldige Feldherrenfragen sind Befehle, und tatsächlich gelangen schon den Kriegstechnikern der Antike einige bescheidene Schritte zu dem Ziel. Der berühmte Militärexperte Aineias empfahl um 360 v.Chr., Holz mit Essig anzustreichen. Diese Imprägnierung dürfte nicht sehr wirksam gewesen sein. Ein besseres Mittel hatte da schon Archelaos in seinem Kampf gegen die Römer. Er ließ einen Belagerungsturm mit Alaun bestreichen, einem Kalium-Aluminium-Salz, das mit Wasser farblose Kristalle bildet. Beim Erhitzen schmilzt das Kristallwasser heraus und bildet so einen wirksamen Brandschutz.

Es dauerte fast zweitausend Jahre, bis die Imprägniertechnik in Europa ähnliche Erfolge vorweisen konnte. Im achtzehnten Jahrhundert kamen verschiedene Rezepte auf: Ein Herr namens Wild nahm 1735 ein Gemisch aus Alaun, Borax und Vitriol, Fagot empfahl fünf Jahre später in den Abhandlungen der Akademie von Stockholm Alaun mit Eisenvitriol, während der Dictionnaire de l'industrie in seiner Ausgabe von 1786 eine Mischung aus Alaun, Eisenvitriol und Kochsalz vorschlug. Der renommierte Chemiker Gay-Lussac hielt es 1821 mit Ammoniaksalzen und Borax, vier Jahre später konterte der Deutsche von Fuchs

Brand des Wiener Ringtheaters
am Abend des 6. Dezembers
1881

mit Wasserglas – das ist wie Alaun ein wasserhaltiger Kristall.

Payne entwickelte ein Verfahren, bei dem man zwei verschiedene Salzlösungen unter Druck ins Holz preßte. Die Salze waren so ausgewählt, daß sie zusammen eine unlösliche Verbindung eingingen. Aus Eisenvitriol und Schwefelbarium entstand so der unlösliche schwefelsaure Baryt, der sich wie ein schützender Mantel um die Holzfasern legte.

Beim Imprägnieren galt es auch auf die Preise zu achten. Der Münchner Ingenieur M. Eberhardt testete vor etwa hundert Jahren verschiedene Salze in einem gründlichen Brandversuch und verglich die Preise. Dabei schnitt das «antike» Alaun mit Abstand am besten ab: Unter den gewählten Bedingungen hemmte es den Brand während fast drei Minuten; noch besser, das heißt fünfundvierzig Sekunden länger, wirkte doppelt kohlensaures Natron, doch die Natronlösung war mit Fr. 3.80 pro Hektoliter mehr als doppelt so teuer wie das Alaun. Nach zahlreichen Theaterbränden, bei denen das Feuer in Vorhängen, Ballettkleidern, Kulissen und anderen Materialien leichte Nahrung fand, stellte sich das Problem der Imprägnierung äußerst dringend.

Eine andere bahnbrechende Brandverhütungsmethode hatte der Amerikaner Benjamin Franklin 1752 erfunden: den Blitzableiter. Ein «Handbuch des Feuerlösch- und Rettungswesens» aus dem Jahre 1881 beschreibt verschiedene Neuerungen. Auf besonders geformte Spitzen legte man damals besonderen Wert, während man die Drahtleitung relativ sorglos mit einem aufgefaserten Ende im nassen Erdreich enden ließ. Heute weiß man, daß besondere Auffangspitzen gar nicht erforderlich sind, dafür aber eine solide Erdung entscheidend ist.

Am dringendsten stellte sich das Problem der Brandverhütung beim Hantieren mit feuergefährlichen oder explosiven Stoffen und bei Feuerungsanlagen. So beschrieb das Handbuch, wie man Pulver hinter einem Schutzwall oder in einer Mulde lagert, so daß bei einer eventuellen Explosion die Druckwelle keinen allzu großen Schaden anrichtet. Patentierte Behälter sollten verhindern, daß Pulver beim Transport oder beim

Aufbewahren plötzlich unkontrolliert in die Luft ging.

Eine besondere Gefahr des Dampfzeitalters waren explodierende Dampfkessel. Um dies zu verhindern, gab es «thermische Explosions-Gefahr-Anzeiger», die ähnlich funktionierten wie die heute verwendeten Überdruckventile von Dampfkochtöpfen. Auch wenn der Wasserstand im Kessel zu niedrig war, drohte Brandgefahr durch Überhitzung. Um dies zu verhindern, konnte man eine automatische Löscheinrichtung einbauen: Sank der Wasserstand unter das Minimum, öffnete sich ein Schwimmerventil; das restliche Wasser ergoß sich über das Kesselfeuer und löschte es.

Ein königlich-preußisches Handbuch für Feuerschutz aus dem Jahre 1901 erwähnt, daß sämtliche Kaiserlichen Oberpostdirektionen einen feuersicheren Holzanstrich des damals führenden Brandbekämpfungsunternehmens G.m.b.H. Conrad Gautsch aus München verwendeten. Für Zimmeröfen gab es eine feuerpolizeiliche Verordnung, wonach eine bestimmte Bodenfläche vor der Ofentür mit Blech beschlagen sein mußte. Da dieses Blech nicht sehr dekorativ war, entwickelte eine Spezialweberei einen Asbestteppich als Ersatz.

Ein großes Problem waren damals auch Schaufensterbrände. Den Grund beschreibt das Handbuch so: «Durch die erhöhte Bedeutung, die heutzutage im kaufmännischen Wettbewerb die Schaufensterauslagen gewonnen haben, die sich gegenseitig in der Vielseitigkeit des Ausgelegten, in der Art der Darbietung und vor allem in einer möglichst wirksamen Beleuchtung zu überbieten suchen.» Zur Beleuchtung dienten damals Gaslampen. Um zu verhindern, daß brennende Teile unten herausfielen, umgab man eine Reihe von mehreren Lampen mit einem gemeinsamen Blechkasten, der unten mit einer dichten Verglasung abgeschlossen war. In einem Zündrohr sammelte sich, wenn man den Haupthahn öffnete, ein explosives Gas-Luft-Gemisch, das man mit einer offenen Flamme außerhalb des Schaufensters entzündete. Zwar konnte man jetzt den Haupthahn tagsüber geschlossen halten und auf eine ständige brennende Zündflamme verzich-

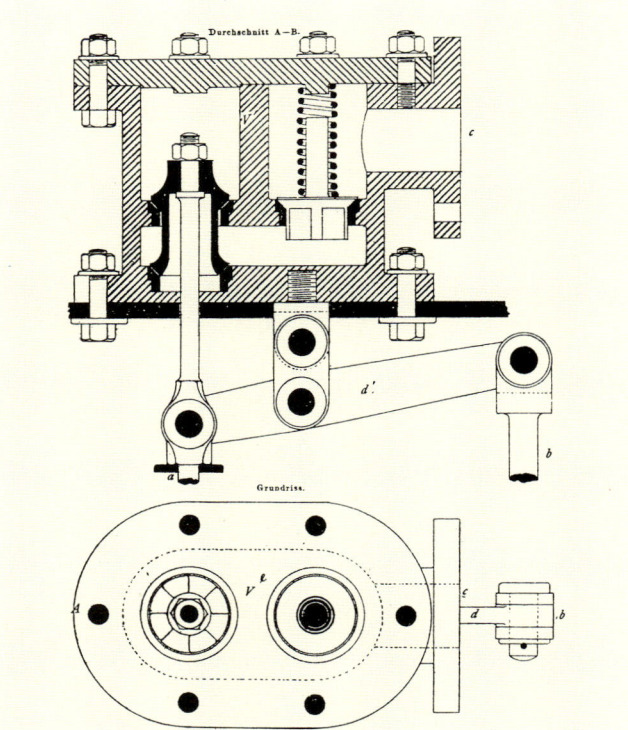

Apparat, der bei zu niedrigem Stand des Kesselwassers einer Dampfmaschine automatisch das Kesselfeuer löscht. Nebenstehend Querschnitt und Grundriß des Schwimmer-Ventilmechanismus.

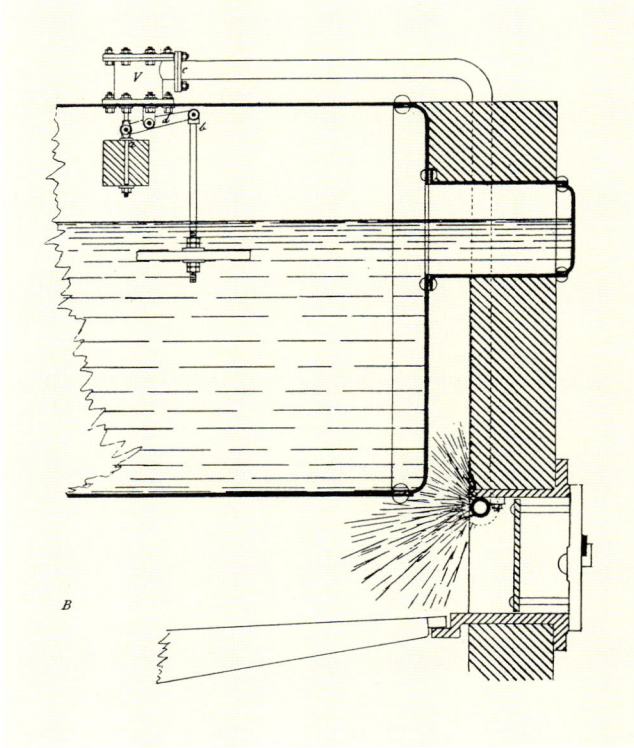

Sank der Wasserstand unter den scheibenförmigen Schwimmer ab, dann verlor dieser seinen Auftrieb, öffnete das Ventil (oben) und ließ den Rest des Kesselwassers über das Feuer strömen.

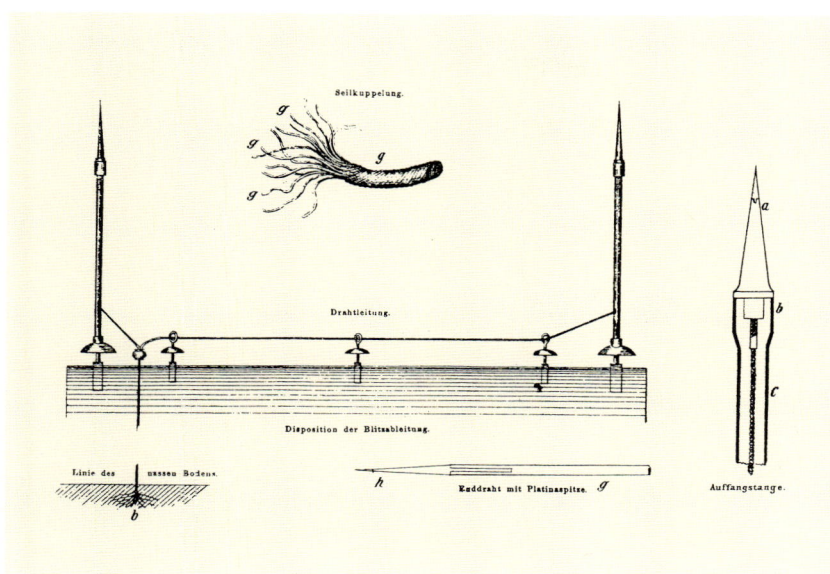

ten. Doch bei unachtsamer Bedienung konnte «leicht eine Gasexplosion im Schaufenster herbeigeführt werden». Die Beleuchtungstechniker experimentierten deshalb weiter mit verschiedenen komplizierten Zündvorrichtungen, bei denen die Zündflamme durch Zylinder und Absperrhähnnen geschützt war. Erst der chemische Gasselbstzünder «Fiat Lux» bannte die Gefahr: eine kleine Menge Gas strömte über eine Zündpille, entflammte sich durch eine chemische Reaktion, und erst dann öffnete sich das Ventil zur Hauptflamme. Wenn die Zündeinrichtung nicht funktionierte, konnte man das Gas nicht einmal mit einem Streichholz anzünden.

Um 1928 erfand der Berliner Chemiker F. Franck ein unbrennbares Papier, das selbst bei der Temperatur glühenden Eisens nur verkohlte, aber nicht in Flammen aufging. Es war nicht imprägniert, sondern schon bei der Herstellung chemisch behandelt. Auch das leichtbrennbare Verpackungsmaterial Zellophan, Schreck aller Feuerwehrleute bei Ladenbränden, gab es jetzt in einer schwerbrennbaren Ausführung.

Im neunzehnten Jahrhundert glaubte man den Blitzableiter vor allem durch besondere Spitzen verbessern zu können. Heute weiß man, daß vor allem eine gute Erdung entscheidend ist. Damals begnügte man sich noch damit, aufgefaserte Drahtenden lose in den feuchten Boden zu stecken, während man bei den Kupplungen immerhin bereits für guten elektrischen Kontakt sorgte.

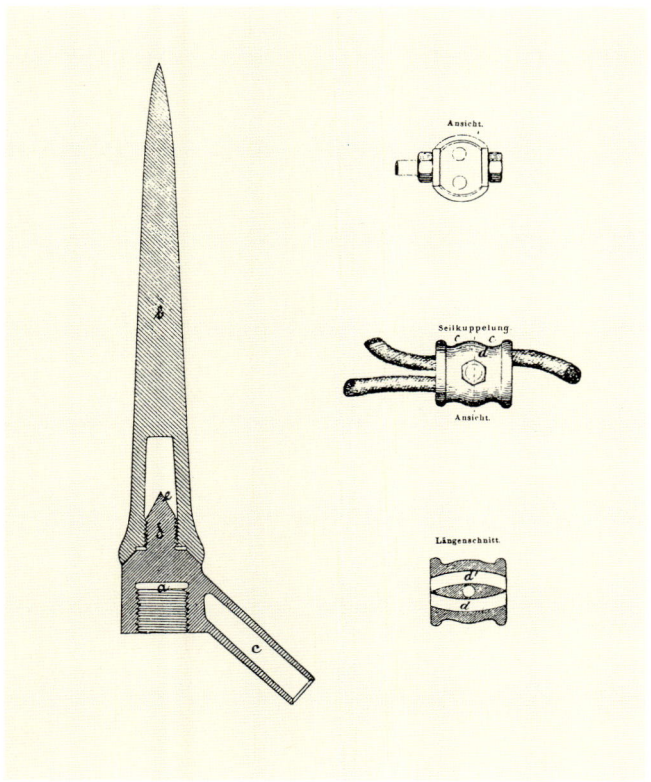

Die Brandalarm-Tüftler haben es nicht leicht

Ein Brand entwickelt sich zeitlich meistens in einer exponentiellen Kurve.
1: Der Brandherd bleibt zunächst lange Zeit klein, der Rauch ist wohl zu riechen, aber noch nicht zu sehen.
2: Rauch wird sichtbar.
3: Flammen werden sichtbar; jetzt beginnt sich der Brand relativ rasch auszubreiten.
4: Die eigentliche Zerstörungsphase; die Hitze ist jetzt auch über größere Distanzen zu spüren, der Brand ist nur noch sehr schwer zu kontrollieren.

«Spiel nicht mit Feuer!» Wenn Kinder diese Ermahnung hören, sehen sie meistens nicht ein, was denn am kleinen Flämmchen eines Streichholzes so gefährlich sein soll. Vielleicht erinnern sie sich, wie Papa an Familienausflügen nur mit viel Mühe und Unmengen Zeitungspapier ein Lagerfeuer zustandebrachte. Da Alltagslogik nicht weiterhilft, bleiben den Eltern oft nur wenig überzeugende Begründungen wie: «Huber's Scheune ist letzten Sommer abgebrannt, weil seine Kinder mit Zündhölzchen gespielt haben!»

Was Kinder nur schwer begreifen können, ist eine Eigenschaft des Feuers, die eine alte orientalische Sage treffend illustriert: Der Erfinder des Schachspiels forderte vom König als Belohnung ein Reiskorn auf das erste Feld, zwei Körner auf das zweite, vier auf das dritte und so fort – immer das Doppelte auf jedem weiteren Feld. Der König lachte über diese bescheidene Forderung – begreiflich, denn auf den ersten zehn Feldern macht das gerade eine Handvoll Reis aus. Doch dann werden es zwei Handvoll, dann bald ein Maß, ein Sack, viele Säcke, und spätestens um das vierzigste Feld herum wären sämtliche Kornspeicher des Königs aufgebraucht gewesen. Diesem exponentiellen Gesetz folgt auch das Feuer: Je stärker es brennt, desto schneller breitet es sich aus.

Um so entscheidender ist frühzeitiges Entdecken. Doch genau hier lag das große Hindernis, an dem Bastler und Erfinder von automatischen Feuermeldeanlagen lange Zeit scheitern mußten: Ein Feuer, solange noch klein, ist viel schwieriger zu erfassen als ein Dieb oder Einbrecher.

Die erste Eigenschaft des Feuers, die man wahrnehmen kann, ist der Rauch. Zuverlässig messen

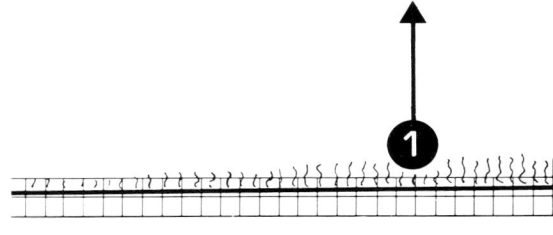

Pyrometer von Musschenbroek, 1725

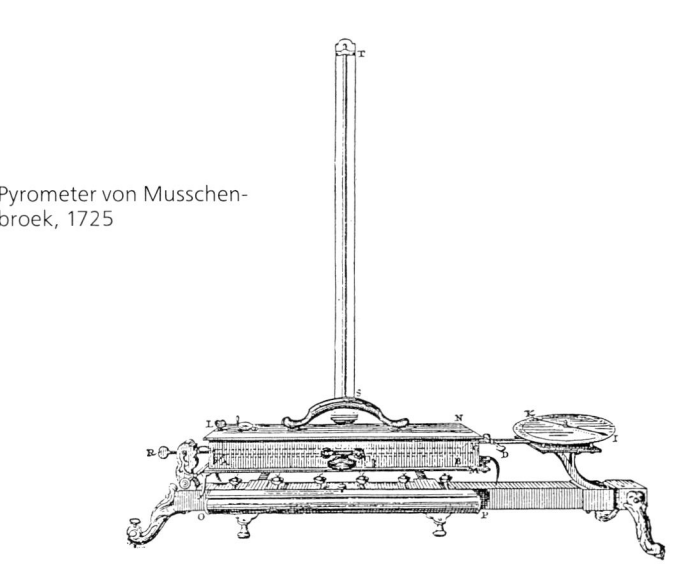

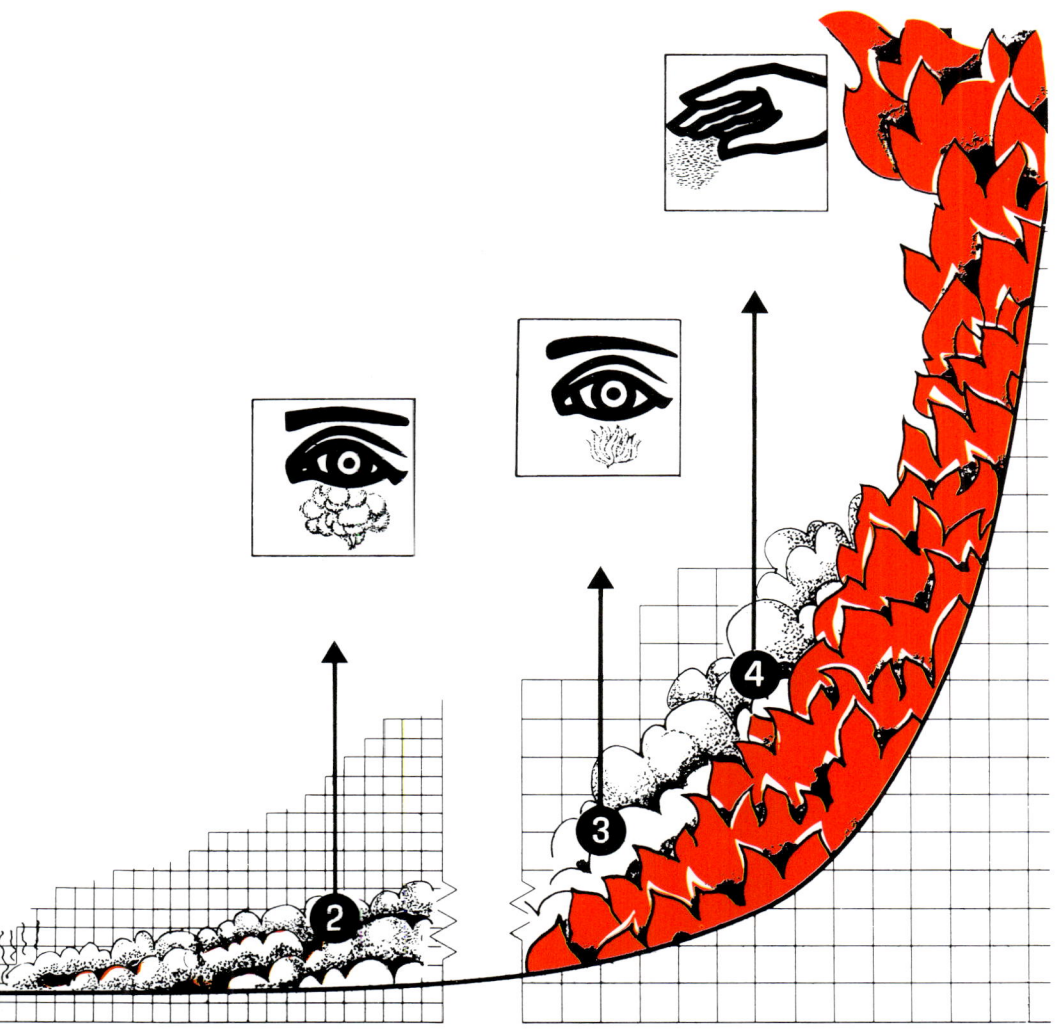

konnte man aber vorerst nur die Temperatur. So gehen die ersten Versuche eines automatischen Feuermelders auf das Thermometer zurück. Das erste Hochtemperatur-Thermometer, ein sogenanntes Pyrometer, konstruierte 1725 der Holländer Pieter von Musschenbroek. Als Meßeinrichtung diente ein Metallstab, der sich in der Hitze ausdehnte und diese Bewegung auf einen Zeiger übertrug. Jetzt brauchte man nur noch an dem Zeiger einen Wecker anzubringen, und schon hatte man ein Gerät, das losrasselte, wenn es ringsum brannte. Einen solchen «Fire-Alarm» konstruierte 1820 ein Engländer namens Colbert. Den Zeiger konnte man auf die gewünschte Temperatur einstellen, bei der Alarm ausgelöst werden sollte.

Erst die Elektrizität eröffnete neue Möglichkeiten: Jetzt konnte man den Alarm beliebig weit vom Brandort entfernt auslösen. Es war ein Stabsarzt, Dr. Hase aus Hannover, der 1882 den ersten elektrischen Feuermelder konstruierte. Ein Glasrohr, gefüllt mit Alkohol, ruhte wie ein Waagebalken drehbar auf einer Achse. Die beiden Enden des Rohrs waren ballonförmig aufgeblasen, der eine dünn- und der andere dickwandig. Mit einer Stellschraube fixierte man das Rohr so, daß sein Ende mit geringem Übergewicht auf einem Lagerblock ruhte. Sobald die Temperatur stieg, heizte sich zuerst der Alkohol im dünnwandigen Ende auf, das Gas verdrängte die Flüssigkeit zum anderen Ende hin, dieses wurde schwerer, das Rohr kippte nach unten, drückte einen Platinstift in ein Näpfchen mit Quecksilber. Dadurch schloß sich ein Stromkreis und ließ in der Alarmzentrale eine elektrische Klingel schrillen. Haase schlug vor, mehrere solcher Apparate in verschiedenen Räumen aufzustellen und die Alarmleitungen auf ein Tableau zu führen, das mit einer Nummer sichtbar macht, wo der Alarm ausgelöst wurde. Bis kurz vor der Jahrhundertwende gab es zahlreiche ähnliche Einrichtungen auf dem Markt.

Der Berliner Rudolf Bessel konstruierte ein besonders preisgünstiges Modell: In einer acht Zentimeter langen Metallröhre war ein Schwimmer durch eine erstarrte Schmelzmasse gebunden; stieg die Temperatur, dann schmolz die Masse, der Schwimmer stieg nach oben und schloß einen

Elektrischer Feuermelder von Dr. Hase, 1882

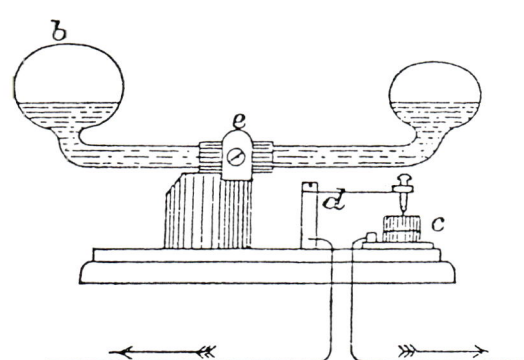

elektrischen Kontakt. Die gewünschte Alarmtemperatur konnte man auf einer Skala einstellen.

Der Feuermelder von F. Groyen aus Bonn bestand aus einem winkelförmigen Gußstück, an dem eine Lamelle aus zwei Metallschichten und eine verstellbare Kontaktschraube montiert waren. Die beiden Metallschichten dehnten sich bei Erwärmung unterschiedlich aus, dadurch verbog sich die Lamelle und schloß den Kontakt. Solche «Bimetallkontakte» werden heute noch verwendet. Die Alarmtemperatur ließ sich zwischen null und hundertfünfzig Grad beliebig einstellen. Marktleader bei diesem Brandmeldertyp war damals die Leipziger Firma Schöppe.

Ein anderes Prinzip nützte der Brandmelder von Stöcker & Co. aus: Eine Kupferkapsel (gut wärmeleitend) war mit einer elastischen Membrane luftdicht abgeschlossen. Bei einem Brand dehnte sich die Luft aus, drückte die Membrane gegen eine Kontaktspitze und brachte so eine Alarmglocke zum Ertönen. Auch dieser Apparat war auf die gewünschte Alarmtemperatur einstellbar.

Die Firma Petsch, Zwietusch & Co. in Charlottenburg bei Berlin vertrieb einen sogenannten «Feuermeldedraht», eine Art Koaxialkabel, dessen innere Isolierung leicht schmelzbar war. Bei einem Brand gab es einen gewollten Kurzschluß in der Leitung, worauf eine Alarmglocke zu klingeln begann.

Beim Schmelzlotmelder von Siemens & Halske floß ein Ruhestrom durch zwei federnde Metallstreifen, die durch eine bei siebzig Grad schmelzende Lötstelle zusammengehalten waren. Solche Melder waren zwar sehr billig, doch die Temperatur ließ sich nicht genau einstellen.

Alle diese Einrichtungen hatten einen entscheidenden Nachteil: Wenn es heiß wird und der Melder anspricht, hat sich das Feuer bereits sehr stark ausgebreitet. Stellte man die Temperatur auf einen kleineren Wert ein, dann wurden an heißen Tagen ständig Fehlalarme ausgelöst. Deshalb kamen findige Köpfe auf die Idee, daß man gar nicht zu warten braucht, bis die Temperatur einen zuvor eingestellten Maximalwert erreicht hat. Wenn es brennt, steigt die Temperatur relativ schnell an, und diese Veränderung kann man als Alarmkriterium benützen. So kamen in der Folge

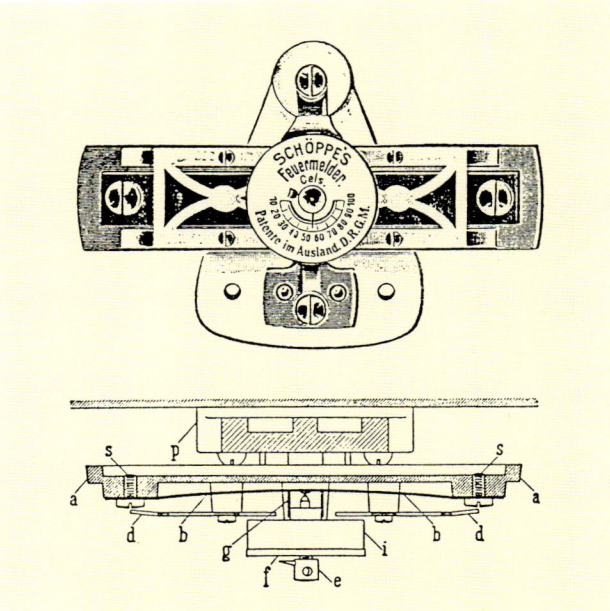

Selbsttätiger Feuermelder, System Schöppe, oben in Aufsicht, unten im Querschnitt.
p   Montageplatte
s   Schraube
a   Platine
b   Bimetallstreifen (verbiegt sich bei Erwärmung)
g   Gewinde (zur Verstellung des Kontaktdruckes)
d   Deckplatte
f   Temperaturskala
e   Einstellknopf

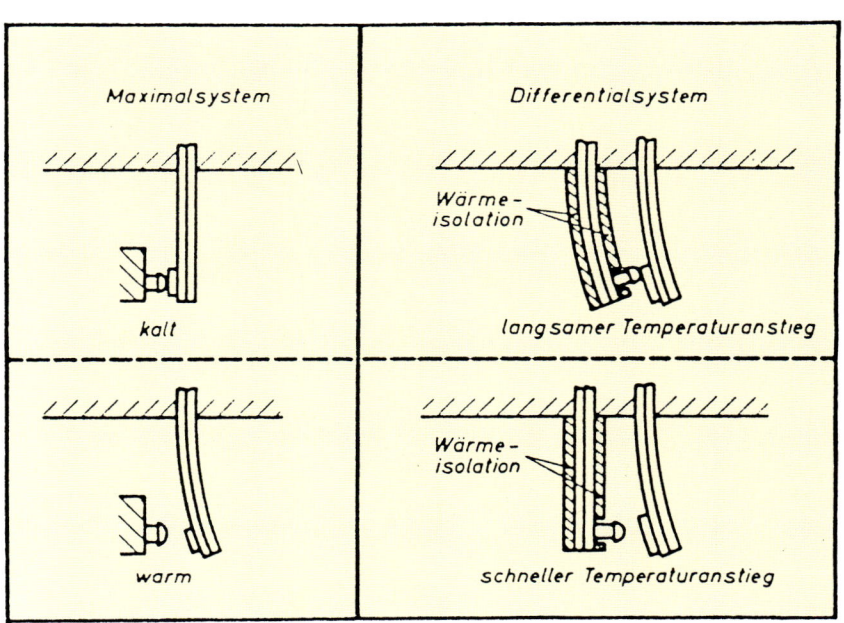

Schematische Darstellung von Wärmemeldern

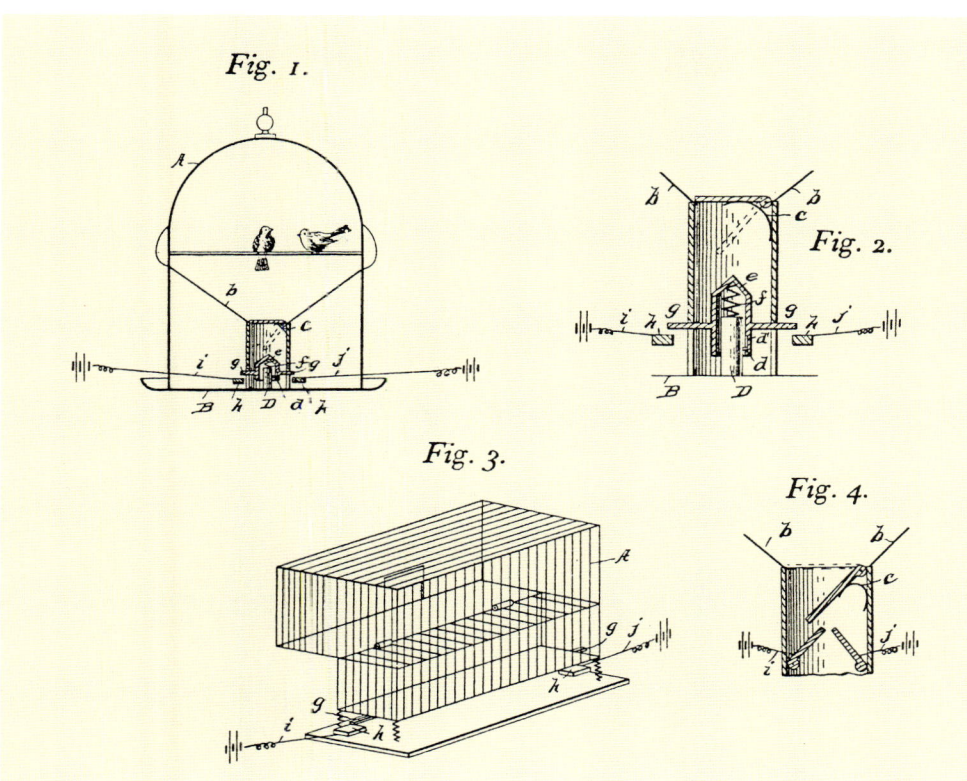

Patentskizze des Vogelkäfig-Brandmelders von Kraus und Koster, 1896. Fig. 1 zeigt den Käfig, Fig. 2 den Kontaktmechanismus. Fig 3 und 4 zeigen eine Variante mit viereckigem Käfig.

zahlreiche Varianten dieser sogenannten Differentialmelder auf den Markt; zum Teil waren sie kombiniert mit einem Maximalkontakt als «Notbremse» für den Fall, daß die Temperatur zu langsam anstieg.

Damals gab es noch keine Möglichkeit, Licht oder Rauchgase zu messen und in elektrische Alarmsignale umzusetzen. Deshalb verfielen der deutschstämmige Amerikaner Robert William Jacob Kraus und sein Kollege John Koster auf die Idee, es mit Bionik zu versuchen. Die beiden Erfinder besannen sich auf den Vogelkäfig der Bergleute in ihren Stollen und konstruierten einen Apparat, der automatisch anzeigen sollte, wenn die Vögel, durch Rauchgase betäubt, von ihren Sitzstangen fielen. Am 22. Februar 1896 ließen die beiden ihr «Verfahren und Vorrichtung zum Geben eines Signals beim Auftreten von Rauch und schädlichen Gasen» patentieren. Der Apparat bestand aus einem Vogelkäfig, unten mit einem Trichter versehen, der den herunterfallenden Vogel auf eine Stromschlußvorrichtung lenkte. Da ein Vogel auch aus anderen Gründen von der Stange fallen konnte, war der Kontakt so eingestellt, daß er erst auf das Gewicht von zwei Vögeln ansprach.

So genial und zukunftsweisend diese Konstruktion war – reich wurden die beiden Erfinder damit kaum. Denn für einen einzelnen Sensor war der Aufwand ganz einfach zu hoch. Um ein Gebäude wirksam zu schützen, hätte man Dutzende von Vogelkäfigen aufstellen müssen. Noch vierzig Jahre sollten vergehen, bis die Zeit reif war für Rauchgassensoren.

Nachgebautes Modell des Brandmelders von Kraus und Koster im Deutschen Museum München

Brand der Pariser Oper am 6.
April 1763. Mit den damaligen
Bottichpumpen waren die Feuerwehrleute bei solchen Groß-
bränden ziemlich machtlos.

Von Pumpen, Schläuchen und Brausen

Der Nürnberger Buntmetall-Drechsler Hans Spaichel, Erfinder einer verbesserten Support-Drehbank, wollte im Jahre 1578 eine solche verkaufen. Doch der Interessent, ein Goldschmied, bekam die Maschine nicht. Der Stadtrat hatte nämlich von dem Handel erfahren und die «Trehpanckh» zerstören lassen. Die Nürnberger «Rotschmieddrechsler» ließen nämlich das Geheimnis ihrer Drehbänke, auf denen sie Feuerspritzen und andere gedrehte Kupfer- und Messinggegenstände in Serien herstellen konnten, von Amtes wegen hüten. Kein Rotschmieddrechsler durfte sein Handwerk auswärts ausüben oder die Konstruktion der Drehbank an andere Zünfte der Stadt verraten.

Feuerspritzen sahen damals ähnlich aus wie Klistierspritzen; man tauchte sie in einen Eimer, zog mit dem Kolben etwa zwei bis drei Liter Wasser auf und spritzte dieses ins Feuer. Eine auf Pergament geschriebene Feuerverordnung verlangte, daß jeder Müller zwei solche Spritzen bereithielt. Es war ausgerechnet ein Goldschmied, Anton Platner aus Augsburg, der 1518 die erste große Feuerspritze «erfand». Man vermutet, daß er sich dabei von Beschreibungen der Pumpe des Ktesibios und Heron inspirieren ließ. Denn wie diese besaß Platners Feuerspritze zwei Zylinder mit Kolben und Ventilen sowie einen Windkessel. Sie war auf einem Wagen montiert.

Es dauerte weitere hundert Jahre, bis der Nürnberger Zirkelschmied Hans Hautsch 1654 eine wirklich praktische Feuerspritze baute. An ihren langen Hebelstangen sorgten etwa fünfundzwanzig Mann für Druck, zwei weitere füllten mit von Hand zu Hand herbeigereichten Eimern die

Feuerspritze mit Windkessel von Hans Hautsch, 1655. Kupferstich aus Böcklers Theatrum machinarum novum, Nürnberg.

Vergleich zwischen einer alten
Feuerspritze (links) und der
neuen «Schlangenspritze»
(Slang Brand Spuiten, rechts)
des Holländers Jan van der
Heide, Amsterdam 1690.

beiden kastenförmigen Zylinder, und einer be-
diente das Wendrohr.

Zwanzig Jahre später führte der holländische Ma-
ler und Erfinder Jan van der Heyde mit seiner
«Slange Brand Spuiten» (Schlangenfeuerspritze)
die entscheidende Verbesserung ein: den Feuerwehrschlauch. Zunächst diente er dazu, das
Wendrohr mit dem Wasserstrahl besser zu den
Brandherden lenken zu können. Das Wasser
holte man weiterhin mit Eimern aus dem Brunnen
und goß es in einen an einer Art Bockleiter aufge-
hängten Wassersack; von dort lief es über einen
Schlauch in den Spritzenkasten. Wenig später erfand van der Heyde den innenverstärkten Saug-
schlauch. Jetzt konnten die Feuerwehrleute das
Wasser direkt aus dem Brunnen pumpen.

Doch solange Muskelkraft die Feuerspritzen an-
treiben mußte, blieb ihre Leistung beschränkt.
Dies änderte sich erst mit der Wende zum neunzehnten Jahrhundert, dem Beginn des Dampfzeitalters. Die erste dampfgetriebene Feuerspritze konstruierte 1829 der Schwede John
Ericsson als Teilhaber einer Londoner Firma. In
den achtziger und neunziger Jahren folgten Ver-
brennungs- und Elektromotoren, wobei sich die
Feuerwehrleute lange dagegen sträubten, mit
dem feuergefährlichen Benzin zu einem Brand zu
fahren.

Auf die Idee, in einem Gebäude vorsorglich Lei-
tungen mit Löschwasser zu verlegen, kamen als
erste die Gebrüder Franz und Heinrich Schübl,
Bürger der königlichen Kreisstadt Klattau bei
Prag. Am 4. November 1783 veröffentlichten sie
die erste Beschreibung einer Art «Sprinkleran-
lage». Die sogenannte Feuerlöschmaschine be-
stand aus einem wassergefüllten Bottich mit
Handpumpe auf dem Dachboden — wer genug
Geld hatte, konnte sich auch eine Leitung zum
Brunnen legen lassen. Die Pumpe beförderte das
Wasser in ein System aus Röhren mit «auf beyden
Seiten dicht bey einander gemachten kleinen
Löchlein», durch die sich das Wasser übers Dach
ergoß — zum Schutz vor Funkenflug, wenn das
Nachbarhaus brennen sollte.

Für diese geniale Erfindung war die Zeit noch
nicht reif. Erst hundert Jahre später hatte sich die
Sprinkleranlage in großen, brandgefährdeten

Gebäuden wie Fabriken und Theatern allgemein durchgesetzt. Die Feuerlöschanlage des Opernhauses von Frankfurt am Main verfügte 1886 über ein Regenrohrsystem unter dem Dach und ein zweites auf dem Schnürboden; unter dem Dach waren auch zwölf stets gefüllte Behälter mit insgesamt 180 Kubikmeter aufgestellt. Im Dekorationsmagazin stand ein Pumpwerk mit zwei Gasmotoren von je 50 Pferdestärken bereit, das pro Minute fünftausend Liter Wasser fördern konnte.

Der Amerikaner Grinnell hatte zu jener Zeit eine selbsttätige Patentbrause entwickelt, die bald auf der ganzen Welt Furore machte. In den USA senkten Versicherungsgesellschaften für Gebäude, die mit Grinnell-Brausen ausgerüstet waren, die Prämien um zehn bis dreißig Prozent.

Die Brause ist durch eine abdichtende Vorrichtung verschlossen. Eine mehrteilige, mit leichtschmelzbarem Lot zusammengehaltene Stütze preßt den Verschluß auf die Abflußöffnung. Steigt die Temperatur auf über 72 Grad, schmilzt das Lot, der Verschluß springt heraus; das Wasser versprüht an einem gezahnten Tellerchen und verteilt sich als kräftiger Regen. Anstelle des schmelzenden Lotes verwendet man häufig auch flüssigkeitsgefüllte Glasfäßchen, die bei einer vorgegebenen Temperatur zerplatzen und so den Verschluß öffnen.

Die Zeitschrift des Vereins Deutscher Ingenieure beschreibt 1886 eine Löschdemonstration: In einem hölzernen Schuppen, sechs Meter im Geviert, wurde der Dielenboden einen halben Meter hoch mit trockenen Hobelspänen und Stroh bedeckt; diese wurden an mehreren Stellen angezündet, und bald loderten die Flammen meterhoch. An der Decke waren vier Grinnell-Brausen montiert. Sie öffneten sich alle gleichzeitig, und in weniger als einer Minute war das Feuer vollständig gelöscht.

Bis heute zählen Sprinkleranlagen zu den wirkungsvollsten Einrichtungen, wenn es darum geht, einen offenen Brand wenigstens so lange unter Kontrolle zu halten, bis die Feuerwehr eintrifft. Allerdings sind die Auslösetemperaturen relativ hoch. Insbesondere bei sich schnell entwickelnden Bränden steigt die Temperatur an der Decke wesentlich über die Auslösetemperatur des Sprinklers an, da dieser sich wegen seiner Wärmeträgheit zu langsam erwärmt. Eine vielversprechende Weiterentwicklung, der «Fast Response Sprinkler» entstand in den letzten Jahren in den USA. Der Sprinklerkopf ist mit geringer Wärmeträgheit konstruiert, so daß er schneller anspricht.

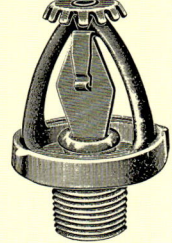
Anzeige für einen Sprinkler 1904 in den USA. Wer dieses von den Versicherungen anerkannte Sprinklersystem installierte, konnte zwischen 25 und 50 Prozent Prämien sparen.

Von Bomben, Granaten und Wundermittelchen

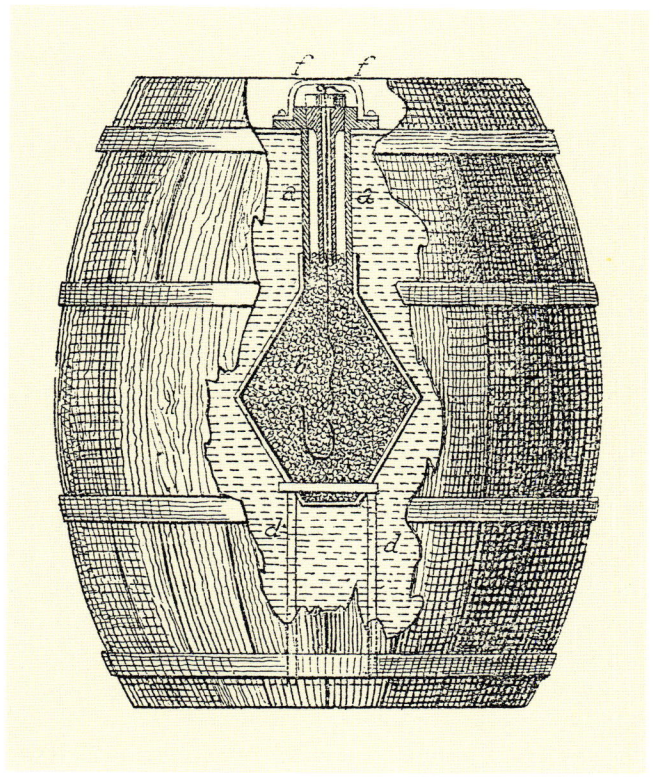

Feuerlöschfäßchen, Augsburg 1751.
f   Zünder
a   wasserdichtes Rohr mit Zündschnur
b   Behälter mit Schwarzpulver
d   Wasser

Feuerlöschdosen im Einsatz bei einem Zimmerbrand

Im Jahre 1721 verbreitete sich in Frankreich das Gerücht, die Deutschen hätten ein wundersames Löschpulver erfunden: Man werfe ein Paket davon ins Feuer, und schon würde dieses erlöschen. Später hieß es, das geheimnisvolle Pulver explodiere mit einem Knall. In Sachsen sei es auf diese Weise gelungen, ein ganzes Haus, angefüllt mit brennbarem Material, erfolgreich zu löschen. Bald schrieben auch die Pariser Zeitungen darüber, und Gelehrte erörterten das Phänomen, ohne aber zu einem Schluß zu kommen. Nachdem sich die Franzosen in Deutschland erkundigt und einige Zweifel geäußert hatten, schickte der Erfinder zwei Leute nach Paris, um die Methode zu demonstrieren. Am Donnerstag, den 10. Dezember 1722 fand das aufsehenerregende Experiment statt. Ganz Paris drängte zum Hôtel des Invalides, wo die Deutschen im Vorhof eine kleine Holzbaracke errichtet hatten. Ob man denn nicht mit einem kleineren Aufwand beginnen könne, ein kleiner Holzstoß würde doch fürs erste auch genügen? Auf diese Frage von Monsieur Le Blanc erwiderten die Deutschen, die Methode habe sich nur im Innern von Gebäuden bewährt. Um drei Uhr nachmittags besichtigte seine Eminenz der Premierminister die Baracke höchstpersönlich, in seinem Gefolge die führenden Gelehrten der Akademie. Unter ihnen befand sich auch Réaumur, der in den «Mémoires de l'Académie Royale des Sciences» das Experiment in allen Einzelheiten beschreibt.
Der Augenschein machte klar, daß die Zeitungen falsch berichtet hatten. Statt ein wenig Pulver ins Feuer zu werfen, stellten die Deutschen ein großes Faß in die Baracke, zusammen mit Stroh und

einem Stapel gespaltenem Holz. Dann zündeten sie das Ganze mit Fackeln an, und bald züngelten Flammen aus dem Dach. «Monsieur le Blanc hatte versprechen lassen, man würde das Feuer erst auf seinen Befehl löschen», berichtet Réaumur. «Man versprach es mit Mühe und hielt nicht Wort.» Ein Mitglied der Akademie schaute auf die Uhr, und es dauerte kaum zwei Minuten, bis ein lauter Knall zu hören war. Das Feuer erlosch augenblicklich. Der Premierminister und die Akademiemitglieder traten ein und sahen verbranntes Stroh, einige angekohlte Holzscheite und geschwärzte Planken. Das Feuer, so Réaumur, «hatte nicht Zeit, große Verwüstungen anzurichten». Das war's also.

Etwas enttäuscht stellte man fest, die Löschwirkung sei offenbar stark übertrieben worden. Die zerbeulten Überreste einer Weißblechbüchse fesselten die Aufmerksamkeit der Gelehrten am meisten. Réaumur berührte sie mit dem Finger, der wurde schwarz und roch nach gewöhnlichem Schießpulver. Die Büchse mußte sich im Innern des Fasses befunden haben, mit einem Zündkanal, der nach außen führte. Als das Feuer den Zündkanal erreichte, explodierte das Pulver, das Faß barst. Aber womit war es gefüllt? Monsieur Geoffroy vermutete, es sei Asche, die bei der Explosion in alle Richtungen zerstob und die Flammen erstickte.

Nach dem Barackenexperiment führten die Deutschen in einem Keller eine zweite Demonstration vor. Réaumur und seine Kollegen hatten diesmal mehr Zeit, das Löschfaß vorher zu besichtigen: «Unglücklicherweise für jene, die ihr Geheimnis verbergen wollten, war dieses Faß etwas undicht, an einigen Stellen trat Wasser aus.» Jetzt war also klar, wie das Löschfaß funktionierte. Réaumur kommentiert, die gemeinsame Wirkung der Druckwelle (die Feuer auspustet wie eine Kerzenflamme) und des fein zersprühten Wassers sei bemerkenswert. Wenn es an Löschwasser fehle, dann könne das Faß anderen Methoden überlegen sein, allerdings nur, solange sich das Feuer nicht zu sehr ausgebreitet habe. Auch dürfte es schwierig sein, große Fässer ins Feuer zu werfen. Die Pariser Gerüchte über angebliche Löschpulver aus Deutschland sind leicht zu erklären. Denn

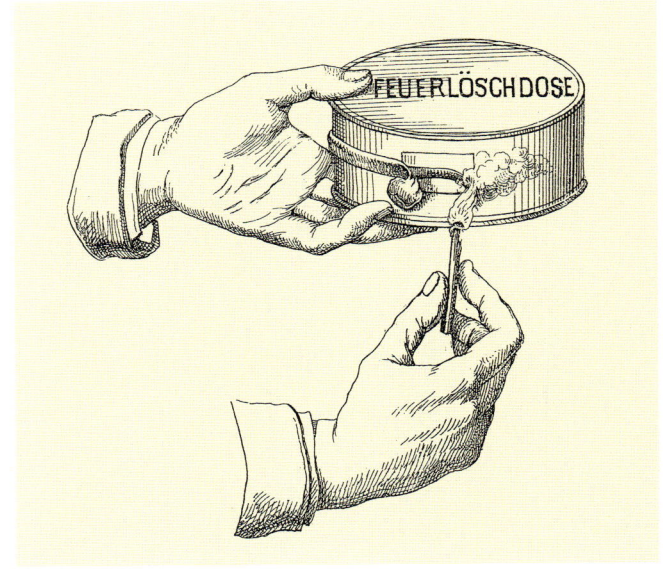

Feuerlöschdose von Kühn, Meissen 1846

Britische, amerikanische und deutsche Feuerlöschgranaten. Ihre Löschkraft stand weit hinter dem damals eleganten Design zurück.

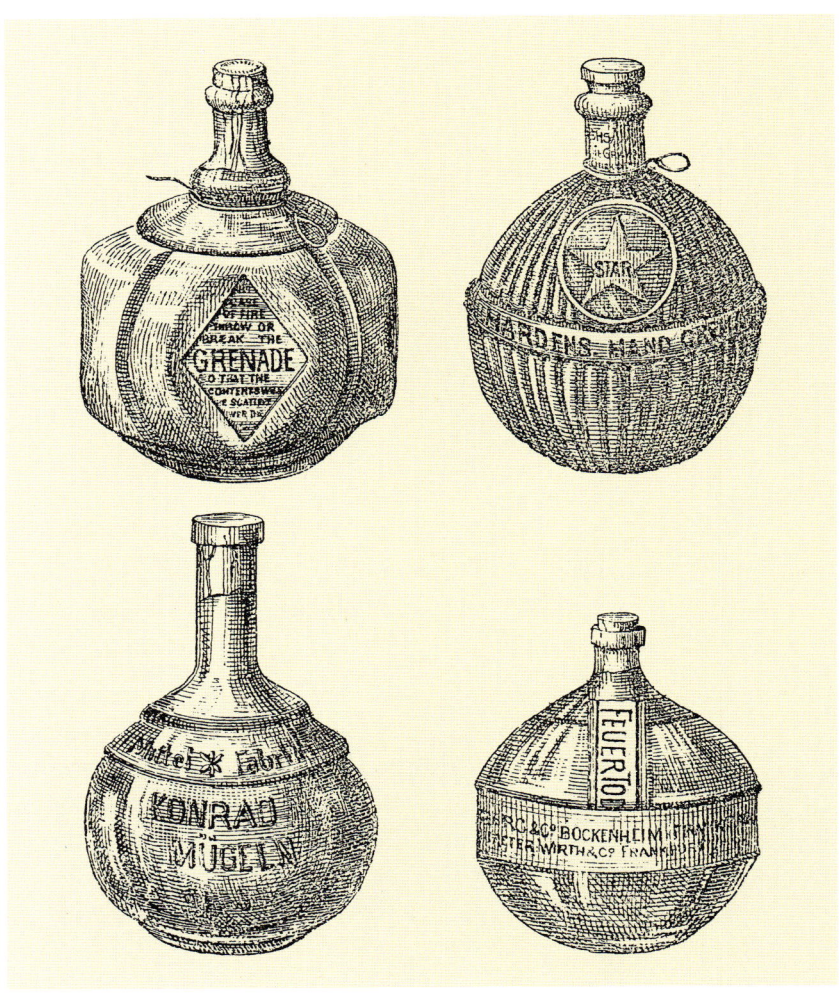

Wirbelringkanone der Gebrüder v. Römer, München

zahlreiche Betrüger versuchten mit wertlosen Salzmischungen schnelles Geld zu machen. So kostete das «Martin'sche Löschpulver» dreizehn Goldmark pro Kilo – bei einem Gestehungspreis von sechzig Pfennigen – und war völlig wirkungslos. Man lud auch Schrotflinten mit grobkörnigem Alaun und schoß dieses ins Feuer, oder man warf sogenannte Löschbomben – Hohlkugeln aus Lehm oder Glas, mit Alaun gefüllt, in der Mitte mit Schießpulver geladen und mit einer Zündschnur versehen. Später kamen flüssigkeitsgefüllte Glasflaschen unter klangvollen Namen wie «Imperial-Granaten-Feuerlöscher» oder «Schönbergs Feuertod» in den Handel. «Einzig zu loben ist nur das elegante Aussehen der Granaten», schreibt ein zeitgenössischer Experte, und selbst die Polizei sah sich veranlaßt, vor diesen «Löschgranaten» zu warnen.

Im Jahre 1846 erfand der Meißener Geheimrat Kühn eine Feuerlöschdose mit Salpeter, Schwefel und Kohle – erster Vorläufer der heutigen Feuerlöscher. Man setzte sie an einer Zündschnur in Brand, und dann traten schweflige Dämpfe aus, die das Feuer ersticken sollten.

Die Idee, mit einer Luftdruckwelle Feuer «auszupusten», griffen die Gebrüder H. und B. von Römer aus München im zwanzigsten Jahrhundert wieder auf. Ihre «Wirbelring-Kanone» gehört ins Kuriositätenkabinett der nie verwirklichten Erfindungen. Ein Experiment aus der Physikstunde stand dabei Pate: Schlägt man auf eine Trommel mit einem kleinen Loch, dann entsteht ein Luftwirbel, der sich über viele Meter fortpflanzt und eine Kerzenflamme auslöscht. Die beiden Erfinder dachten sich nach diesem Muster eine schwere Kanone aus, die ähnlich wie ein Maschinengewehr Salven von Luftwirbeln gegen das Feuer schießen sollte.

Rette sich, wer kann

Sturmleiter zu Belagerungs-
zwecken. Stich aus einem mili-
tärtechnischen Handbuch des
Jahres 1553.

Brände forderten – vor allem, als es noch keine automatischen Alarmanlagen gab – sehr viele Todesopfer. Apparate, die im Brandfall Leben retten, gaben im vergangenen Jahrhundert unter Erfindern viel zu reden – und zu streiten. Nicht nur die Feuerwehr war mit Rettungseinrichtungen ausgerüstet; solche waren auch in Gebäude eingebaut, wie die bis heute bewährte Feuerleiter.

Die Geschichte der Feuerleiter reicht Jahrtausende zurück. Vorläufer waren die Sturmleitern, die man im Krieg einsetzte, um Festungen anzugreifen. Bereits die römische Feuerwehrkohorte war mit Feuerleitern ausgerüstet. Im europäischen Mittelalter tauchen die ersten Scheren- und Streckleitern mit Mauerhaken auf. Sie dienten hauptsächlich kriegerischen Zwecken; erst als sich nach und nach städtische Feuerwehren organisierten, setzte man Leitern zur Brandbekämpfung ein.

Die britische Gesellschaft zur Verhütung von Todesfällen durch Feuer stellte an einer öffentlichem Veranstaltung am 19. Februar 1829 sieben verschiedene Rettungsapparate vor. Einer der Erfinder, ein Mister Rider, seilte sich mit seiner Tochter aus dem oberen Stockwerk des Hauses ab, in dem die Rettungsgesellschaft ihre Versammlungen durchführte. Einige andere Mitglieder probierten die Abseilvorrichtung ebenfalls aus. Ein Mister Davies stellte eine ähnliche Einrichtung mit Doppelseil vor. Besonders raffiniert war der Rettungssack des Mister Hesse. Der Retter warf der zu rettenden Person einen Ball zu. An diesem war eine Schnur befestigt und daran ein Sack mit einem Seil. Die zog man zu sich herauf, befestigte das Seil am Bettgestell oder an einem

Moderne Feuerwehr-Drehleiter im Einsatz

Rettungsschlauch aus dem 19. Jahrhundert

sonstigen Gegenstand, stieg in den Sack und ließ sich an dem Seil heruntergleiten. Für Reihenhäuser eignete sich der Apparat von Mister Barnard — sofern es in der Mitte brannte. Dann verankerte man an den Nachbarhäusern links und rechts des brennenden Hauses je eine Kette; an den beiden Ketten hievte man einen Rettungskorb in die Höhe. Doch am meisten Lob erntete Mister Doyles Erfindung: ein fahrbarer Lift nach dem Scherenprinzip; zwei oder mehr Männer konnten eine Plattform mit Geländern hochkurbeln. Doch kaum hatte die Gesellschaft ihren Bericht im Londoner «Mechanics Magazine» veröffentlicht, meldete sich ein gewisser Mister Josephson und behauptete, den gleichen Apparat schon drei Jahre früher erfunden zu haben. Im «Mechanics Magazine» trugen die Erfinder wahre Leserbriefduelle aus, welche Rettungseinrichtung die beste sei.

Im neunzehnten Jahrhundert begannen sich auch die Architekten vermehrt mit Fragen des Brandschutzes und der Fluchtwege auseinanderzusetzen. Eine reiche Auswahl an Spezialitäten war verfügbar: Rettungsfenster mit eingebauter Leiter, fest installierte Abseilvorrichtungen an Gebäuden, versenkbaren Schaufensterkästen mit Notausgang usw. Entscheidender als diese zum Teil sehr ausgeklügelten Einrichtungen dürften Fortschritte in der feuersicheren Konstruktion von Treppenhäusern, Türen und Korridoren sowie entsprechende feuerpolizeiliche Vorschriften gewesen sein.

Um die Jahrhundertwende hatte die Rettungstechnik den heutigen Stand mehr oder weniger erreicht. Ein Dilemma sollte erst später aktuell werden: Brandbekämpfung kann zwar Schäden für Menschen, Güter und Natur abwenden, gefährdet aber möglicherweise gerade die Umwelt durch Löschwasser, das die Gewässer verunreinigt, oder durch Halon, das die Ozonschicht angreift. Frühwarnung ist deshalb doppelt sinnvoll, denn ein früh entdeckter Brand richtet nicht nur weniger Schäden an, sondern ist auch mit weniger Aufwand zu löschen.

Kapitel 6
Signale, Sensoren und Computer

Feuerzeiger aus dem Kanton
Luzern

«Hört, ihr Herrn, und laßt euch sagen ...»

Pariser Feuerwachturm im neunzehnten Jahrhundert, eine Eisenkonstruktion mit panoramaförmiger Ausguckplattform an der Spitze und einer Alarmglocke in der Mitte.

In den vierziger Jahren des letzten Jahrhunderts sorgten sie in Stuttgart für Gesprächsstoff unter Bürgern : Seit Generationen hatten die singenden Nachtwächter je zur vollen Stunde die Zeit ausgerufen und dazu einen frommen Vers gesungen. Dieser aus dem Mittelalter stammende Brauch erschien nun vielen Bürgern nicht mehr zeitgemäß. Die überlieferten Verse lauteten in jeder Stadt wieder etwas anders. In Fürth, zur Zeit des Dreißigjährigen Krieges, sangen die Nachtwächter beim Eindunkeln :

Hör zu, Maidlein fein
Bewahr dein Feuerlein
Halt's in guter Hut
Es kostet dir Leib, Ehr und Gut.
Hört zu, ihr Herren, laßt euch sagen
Die Glocke hat acht geschlagen
So danken wir dem lieben Gott
Der uns diesen Tag behütet hat.

«Wer da weiß, welche herrliche Musik das Absingen der Stunden für die Ohren eines Kranken ist, wie er sich danach sehnt, nach einer schwer durchkämpften Nacht das Werden eines Tages mit einem alten, frommen Spruch abrufen zu hören, wird es unverantwortlich finden, wenn der Nachtwächter sich vor Mitternacht gar nicht mehr hören läßt und nach Mitternacht höchstens zwei- oder dreimal», schrieb ein alteingesessener Stuttgarter Bürger 1846 im «Neuen Tagblatt».
Der nostalgische Stuttgarter stand jedoch mit seiner Klage ziemlich allein. Denn die meisten Bürger störten sich an den nicht immer sehr musikalischen Gesängen, so daß die meisten Wächter

bloß die Stunden ausriefen und nur noch nach dem ersten und nach dem letzten Ruf manchmal einen Vers anhängten. Eine Stuttgarter Zeitung schrieb: «Eine Ohrentortur ist das furchtbar schlechte Singen der Nachtwächter, besonders wenn sie den Tag ankrähen.» Wegen der wiederholten Klagen beschloß der Stadtrat, nur noch Leute mit schöner Stimme als Nachtwächter anzustellen. Doch auch dieser Beschluß konnte die alte Tradition nicht retten: Im Jahre 1862 verstummte der nächtliche Ruf in Stuttgart für immer. An Stelle der Nachtwächter trat jetzt die Schutzmannschaft der Polizei.

Den Beruf des Nachtwächters gibt es vermutlich ebenso lange, wie Menschen in Städten wohnen. Im Hohelied Salomos klagt die Geliebte, wie sie auf ihrem nächtlichen Gang zu ihrem Liebhaber von Nachtwächtern überrascht worden sei: «Sie schlugen mich, verwundeten mich, nahmen mir meinen Schleier ab, die Wächter der Mauer.»

Die Nachtwächter der alten Griechen hatten auf ihren Kontrollgängen kleine Glöcklein bei sich — das älteste System der Wächterkontrolle. Denn neben den Wächtern patrouillierten auch ihre Vorgesetzten. Auf deren Klingelzeichen hatten die Wächter sofort mit ihrem Glöcklein zu antworten. Auch der Wächterruf in den deutschen Städten des Mittelalters sagte den Bürgern nicht nur die Zeit an und ermahnte sie zu vorsichtigem Umgang mit Feuer, er tat auch kund, daß der Wächter sein Amt wirklich ausübte.

Zu seinen Aufgaben gehörte unter anderem, «unzüchtige Weibsleute oder andere verdächtige Personen» anzuhalten und zur nächsten Polizeiwache zu bringen. Stand eine Tür oder ein Fensterladen offen, mußte er anklopfen und die Eigentümer wecken, damit «alles wiederum verwahrt und zugeschlossen» werden konnte. In «Hurenwinkeln und Diebesherbergen» sollte der Nachtwächter herumhorchen und alles, was er in Erfahrung bringen konnte, anderntags der Behörde zu Protokoll geben. Trieb er diesen Spitzeldienst aber zu weit und ließ sich in solchen Spelunken beim Trinken ertappen, wurde er mit Schimpf und Schande aus seinem Amt gejagt und «überdem am Leibe exemplariter bestraffet».

Roch der Wächter einen Brand, hatte er dem nachzugehen, bis er den Brandherd ausfindig gemacht hatte. Dann waren zuerst die betreffenden Leute zu wecken. Bei drohender Feuernot weckte der Nachtwächter mit seinem Feuerruf die Bürger und Turmwächter auf.

«Feuer!» oder «Füürio!» zu rufen war in jenen Zeiten, als es noch kein Telefon und keine organisierte Feuerwehr gab, die einzige mehr oder weniger wirksame Alarmmethode. Alles rannte dann mit Eimern, die in jedem Haushalt bereitstehen mußten, zu der Brandstelle und beteiligte sich an den Löscharbeiten. Auch der Bürger, der den Brand in seinem Haus selbst entdeckte, war gehalten, sofort Alarm zu rufen. Eine schlesische Feuerverordnung aus dem Jahre 1324 droht jedem Bürger eine Strafe an, der sein Haus ausräumt, ohne vorher Alarm geschlagen zu haben. An der Brandstelle drängten sich nicht nur die zahlreichen mangelhaft ausgerüsteten Helfer, sondern auch Gaffer und Diebesgesindel, das von der allgemeinen Aufregung profitierte. Deshalb bemühten sich die Behörden schon früh um verfeinerte Alarmsysteme. Bei einem Brand sollte nicht mehr die ganze Stadt alarmiert werden, sondern nur noch jene Quartiere, in denen es tatsächlich brannte. So benützten die Berliner Nachtwächter zwei verschiedene Feuerhörner. Je nachdem, an welchem Ufer der Spree es brannte, bliesen sie in das eine oder in das andere.

In Breslau waren auf dem Rathausturm und auf den Türmen der Elisabethen- und der Magdalenenkirche je ein Turmwächter stationiert. Brach irgendwo ein Feuer aus, dann bliesen die Turmwächter auf der Trompete ein Alarmsignal und hängten tagsüber eine rote und eine weiße Fahne, nachts eine rote und eine weiße Laterne aus dem Turm: die rote markierte die Richtung des Feuers, die weiße wies in die entgegengesetzte Richtung. So wußten die Löschmannschaften, wohin sie zu eilen hatten. War der genaue Ort bekannt, rief d00 Turmwächter diesen durch ein Sprachrohr aus. Die Wächter auf den beiden Kirchtürmen schlugen mit der Stundenglocke entsprechend dem Quartier, in dem es brannte, in verschiedenen Rhythmen.

Das Pyroskop auf dem St. Petersturm in München. Oben der Turmgrundriß mit den Fensterbrüstungen. Mittels Zapfen, die in Vertiefungen paßten, konnte der Turmwächter das Pyroskop (unten) in acht verschiedenen Himmelsrichtungen positionieren. Entdeckte er einen Brand, visierte er den Feuerschein mit dem Pyroskop an. Spiegel brachten dann das Licht einer Kerze deckungsgleich in die Richtung, aus der der Feuerschein kam, und projizierten es auf eine bei Tageslicht aufgenommene Daguerrotypie der Umgebung.

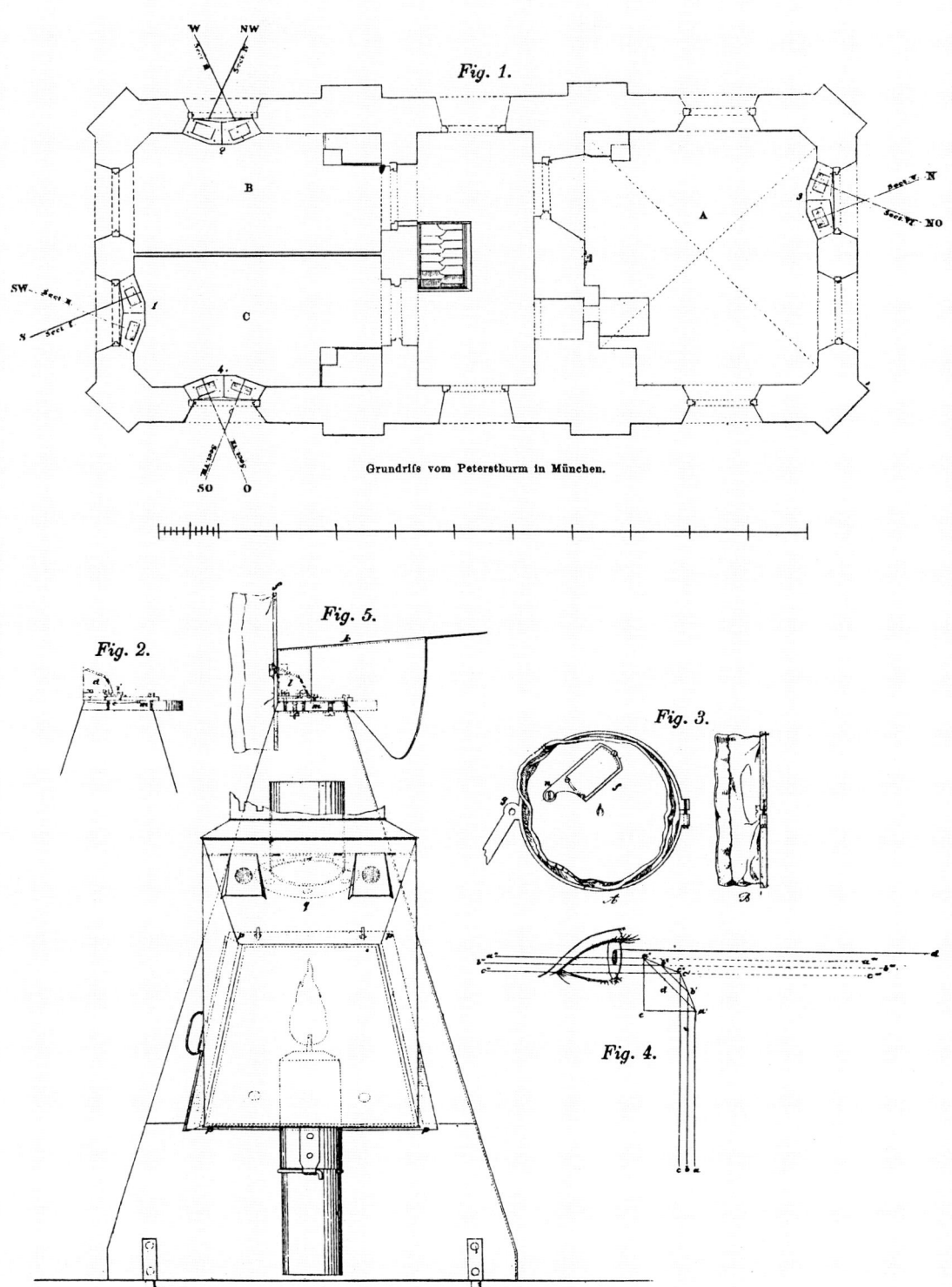

Fig. 1.

Grundriſs vom Petersthurm in München.

Fig. 2.   *Fig. 5.*   *Fig. 3.*   *Fig. 4.*

«Wo brennt's?» Diese erste und wichtigste Frage bei jedem Feueralarm war für die Turmwächter des Mittelalters nur sehr schwer zu beantworten. Auch wenn er seine Stadt so gut kannte wie seine Hosentasche – ein nächtlicher Feuerschein war außerordentlich schwierig zu orten. So begann man sogenannte Feuerzeiger zu konstruieren: kreisrunde Scheiben, auf denen das Panorama, wie es sich vom Turm aus darbot, eingezeichnet war. Auf dieser Panoramascheibe war ein Lineal drehbar angebracht. Entdeckte der Turmwächter einen Brand, dann visierte er den Feuerschein mit dem Lineal an, und im Schein der Laterne betrachtete er dann das Panorama. Ein solcher Feuerzeiger eignete sich vor allem für ländliche Gegenden, wo jedes Dorf einer bestimmten Richtung auf dem Panorama entsprach.

In großen Städten begann man im neunzehnten Jahrhundert diese Feuerzeiger zu verfeinern: Ein Fernrohr mit Fadenkreuz und Winkelmesser ersetzte das Lineal, und jeder Ort war mit Koordinaten in eine Liste eingetragen. Eine der ersten Einrichtung dieser Art wurde 1837 auf dem Wiener Stephansturm installiert. Das sogenannte Toposkop war ein mit Winkelgraden versehenes, waag- und senkrecht schwenkbares Fernrohr mit drei Aufsetzzapfen. Auf den Brüstungen der vier Turmfenster, in jede Himmelsrichtung eines, waren entsprechende Vertiefungen eingelassen, die das Toposkop exakt positionierten. Vier Tabellen gaben die Winkelkoordinaten für jeden Stadtteil und für jeden Vorort Wiens an.

Der Münchner Physiker Karl August Steinheil entwickelte das Toposkop nochmals um einen entscheidenden Schritt weiter. Um Fehler beim Richten des Fernrohres und beim Ablesen der Koordinaten zu vermeiden, konstruierte Steinheil 1841 sein «Pyroskop», eine Art Kamera nach dem photographischen Verfahren der Daguerrotypie. Bei Tageslicht zeichnete man das Panorama auf. Nachts projizierte das Pyroskop den Feuerschein direkt auf das daguerrotypierte oder in Konturen nachgezeichnete Panorama. Dieses war in acht Sektoren von je ungefähr 45 Grad eingeteilt, entsprechend den vier Doppelfenstern im Turm der Münchner Peterskirche, auf dem Steinheil sein Instrument einrichtete.

Turmwächter in seiner Kammer auf dem Münchner Petersturm

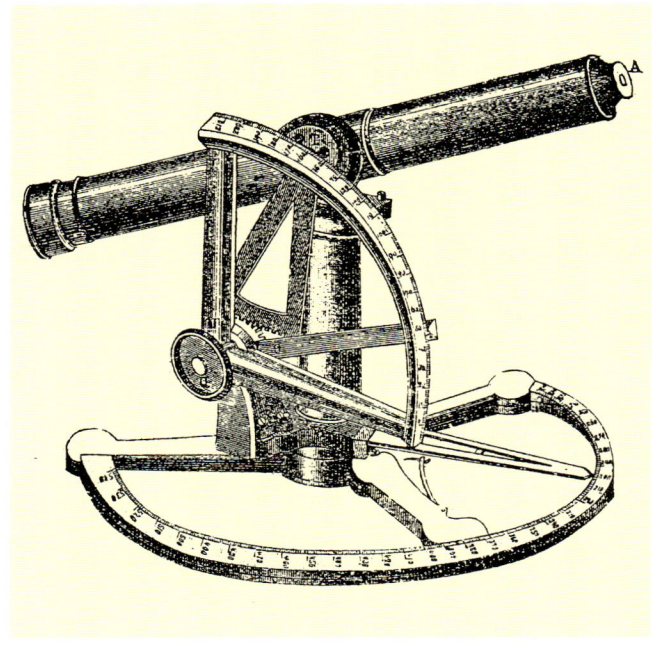

Littrow'sches Toposkop 1837. Das Fernrohr ist mit Winkelskalen der Höhen- und Seitenneigung verbunden. In einer Tabelle konnte der Turmwächter nachsehen, welcher Ort einer bestimmten Winkelposition entsprach.

Um die Jahrhundertwende hatten in den meisten deutschen Städten die letzten Nachtwächter ihren Dienst quittiert. Der letzte Turmwächter, Friedrich Schwarze aus Hannover, starb im März 1926 im Alter von 91 Jahren. Dank neuen Kommunikationstechniken veränderte sich das Sicherheits- und Feuermeldewesen entscheidend. Gegen Diebe und Einbrecher erwiesen sich Polizeistreifen als wirkungsvoller. Doch kaum waren die oft geschmähten Nachtwächter abgeschafft, begannen die Bürger ihnen auch schon nachzutrauern. Das hatte nicht nur romantische Gründe, sondern auch ganz praktische. So lehnte die Polizei den Schließdienst ab: Türen zu kontrollieren, tropfende Wasserhahnen zu schließen und Gaslampen zu löschen betrachtete sie nicht als ihre Sache.

So entstanden – nach amerikanischem Vorbild – in verschiedenen Städten privatwirtschaftliche «Wach- und Schließgesellschaften», die erste um 1901 in Hannover. Bereits drei Jahre später verzeichnet eine erste Statistik von zwanzig derartigen Gesellschaften für den Zeitraum zwischen dem 1. und dem 10. November insgesamt über fünftausend offen vorgefundene Haustüren, 71 offene Fabriken und Lager, 163 offenstehende Fenster, 18 nicht abgestellte Wasserhahnen und sieben Rohrbrüche. In 28 Fällen ertappte der Wachmann einen Einbrecher auf frischer Tat und verscheuchte ihn; 15 Einbrecher konnten festgenommen werden.

In der Schweiz, in Österreich und in vielen anderen europäischen Ländern entwickelte sich das private Bewachungswesen ähnlich wie in Deutschland. Zwei wichtige Ausnahmen sind Frankreich und Spanien. Dort gibt es die «Concierges». Diese Hauswarte, vom Hauseigentümer angestellt, sitzen in einer kleinen Loge und bewachen den Hauseingang. Nachts verschließen sie den Haupteingang und lassen Spätheimkehrer nach dem Klingeln der Nachtglocke eintreten, ähnlich wie in einem Hotel. In Madrid gab es neben diesen Pförtnern noch bis weit in unser Jahrhundert hinein den klassischen Nachtwächter. Er trug eine Pike mit Laterne und einen großen Schlüsselbund. Gegen ein Trinkgeld konnte man ihm den Hausschlüssel übergeben und die Tür aufschließen lassen. Das war bequem, als die Hausschlüssel noch so groß waren, daß man sie beim Ausgehen nicht gerne mit sich herumschleppte.

Netzwerke
der Kommunikation

Straßen-Feuermelder um 1900 in deutschen Städten. Damals besaßen die meisten Haushalte noch keinen Telefonanschluß.

Wenn der mittelalterliche Turmwächter in sein Feuerhorn stieß, wenn Glocken Sturm läuteten und «Füürio»-Rufe durch die Gassen gellten, war bald das ganze Dorf oder Stadtviertel auf den Beinen. Es waren Zünfte, die den ersten Feuerwehrdienst organisierten: Küfer schafften Eimer und Bütten heran, Bierbrauer und Schnapsbrenner karrten Wasser, die feuererprobten Schlosser und Schmiede standen zuvorderst an der Front und bekämpften die Flammen. Maurer und Zimmerleute rissen Trümmer ein. Jeder Zunftmeister kommandierte seine Leute. Das Militär sperrte die Brandstätte ab und war für die Rettung zuständig.

So zahlreich die Helfer, so unzureichend waren sie ausgerüstet und organisiert, sobald das Feuer erst einmal um sich gegriffen hatte. Erst mit leistungsfähigen Feuerspritzen waren löschkräftige, gut organisierte Feuerwehren möglich. Neben städtischen Brandwachekorps entstanden vielerorts auch freiwillige Feuerwehren.

Ebenso wesentlich für diesen Fortschritt waren neue elektrische Kommunikationsmittel. Nicht von ungefähr war der Erfinder eines elektrischen Schreibtelegraphen der gleiche Karl August von Steinheil, der auch den Feuerzeiger auf dem Münchner Petersturm konstruierte. Denn wo ließ sich der Telegraph sinnvoller einsetzen als im Brandfall, wo jede Minute zählte? So war München (etwa gleichzeitig mit New York) 1848 die erste Stadt Europas, die über einen elektrischen Feuertelegraphen verfügte.

Entdeckte der Turmwächter einen Brand, dann drückte er auf eine Taste. Eine Drahtleitung verband die Wachstube im Petersturm mit dem Feu-

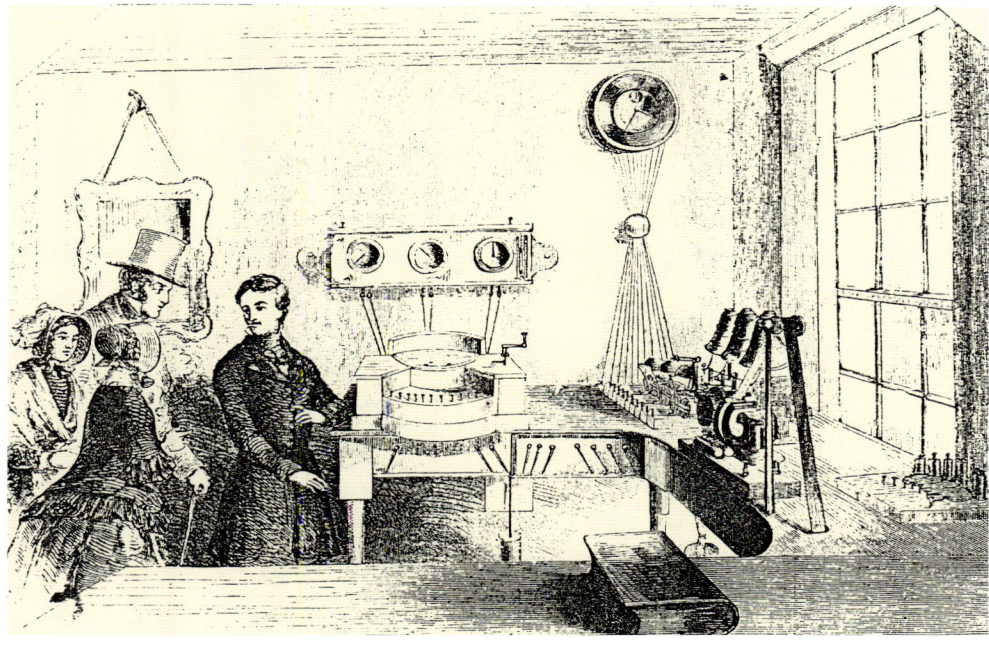

Der Feuertelegraph von Boston war 1852 seiner Zeit weit voraus. Hier eine Ansicht des Hauptquartiers.

Telegraphischer Feuermelde-apparat der Firma Siemens & Halske um 1900

erwehrhaus am Anger und mit dem Magistrats-gebäude am Marienplatz. Im Pikettraum der Feu-erwehr klingelte dann eine Glocke, und die Män-ner machten sich bereit zum Ausrücken. Inzwi-schen hatte der Turmwächter mit dem Pyroskop ermittelt, wo es brannte. Die Stadt München war in zwölf Feuerbezirke eingeteilt; je nach Bezirk drückte der Turmwächter ein- bis zwölfmal auf die Telegraphentaste, und zwar mehrmals hinter-einander, um Mißverständnisse auszuschließen. So wußte die Feuertruppe, in welche Richtung sie auszurücken hatte.

In den 1860er Jahren probierte die Münchner Feuerwehr einen neuen telegraphischen Zeiger-apparat aus : Der Turmwächter richtete den Zei-ger seines Apparates genau auf den Brandherd; ein Signal per Draht stellte einen entsprechenden Zeiger in der Hauptwache so ein, daß er ebenfalls in Brandrichtung zeigte. Doch diese Einrichtung war zu kompliziert und bewährte sich nicht.

Die Telegraphie bot einen entscheidenden Vor-teil : Jetzt konnte man überall in der Stadt Melde-stationen einrichten, per Draht mit der Feuerwa-che verbunden. Jeder Bürger, der einen Brand entdeckt hatte, wurde zum Feuerwächter. Er hatte nichts weiter zu tun, als einen Hebel des öffentlichen Feuermelders zu betätigen. Ein auto-matischer Telegraph sandte dann eine ganz be-stimmte, auf einer Nockenscheibe eingestellte Folge von Signalimpulsen an die Zentrale. Dort wurden sie von einem Schreiber aufgezeichnet, und gleichzeitig ertönte eine Klingel, um den Wachhabenden aufmerksam zu machen. Dieser verglich die empfangenen Zeichen mit einer Ta-belle. So konnte er herausfinden, von welchem Melder der Alarm stammte.

Diese Feuermeldestationen hatten einen großen Vorteil : Auch in der größten Aufregung gelangte jetzt die wichtigste Information — die Frage nach dem Wo — sicher ans Ziel. Jetzt konnte es nicht mehr vorkommen, daß eine ganze Telefonzen-trale bis auf die Grundmauern niederbrannte, weil die letzte Telefonistin, die aus dem bereits brennenden Dienstraum heraus die Feuerwehr anrief, in der Aufregung immer nur wiederholte : «Bei uns brennt's, bei uns brennt's».

Der erste automatische Feuermeldetelegraph wurde 1852 in Boston installiert. Wenn man die Tür des Signalkastens öffnete, kam eine Kurbel zum Vorschein. Drehte man die Kurbel, dann telegraphierte der Apparat die korrekte Nummer des Feuerdistrikts und des Kastens über zwei Drähte zur Zentrale. Wenn jemand zu schnell oder zu langsam drehte, konnten trotzdem Irrtümer entstehen. Deshalb installierte man in Berlin noch im selben Jahr ein verbessertes Modell: Statt einer Handkurbel trieb ein mechanisches Laufwerk mit Gewichten ähnlich einer Pendeluhr die Signalscheibe an.

In München wurden die ersten sechs öffentlichen Brandmeldestationen Mitte der 1870er Jahre installiert. Zwanzig Jahre später, kurz vor der Jahrhundertwende, umfaßte das Alarmnetz der Feuerwehr bereits über dreihundertfünfzig Meldestationen mit einer Gesamt-Leitungslänge von über zweihundert Kilometern. Hinzu kam das ständig wachsende Telefonnetz; über zweitausend Abonnenten konnten von ihrem Haus aus die Feuerwehr anrufen. Daneben gab es auch schon die ersten zwei Dutzend öffentlichen Sprechstationen.

Im zwanzigsten Jahrhundert verzweigte sich das Telefonnetz nach und nach immer dichter, so daß es bei weitem zum wichtigsten Alarmmedium wurde. Doch der öffentliche Melder überlebte — als Notrufsäule der Polizei. Auch die spezialisierten Übertragungsnetze für Alarmmeldungen gibt es nach wie vor: Viele Alarmanlagen sind nicht nur mit einer internen Meldezentrale verbunden, sondern über besondere Leitungen auch mit Polizei und Feuerwehr.

Bei allen öffentlichen Meldern blieb Mißbrauch ein ständiges Problem. Die ersten amerikanischen Melder waren mit einem leicht zugänglichen Drehgriff ausgerüstet. Er verlockte geradezu, sich mutwillig daran zu betätigen. In Deutschland wiederum gab es Melder, bei denen eine befugte Person mit einem Schlüssel herbeigerufen werden mußte. Auch dies konnte nicht die Lösung sein. Inzwischen hat sich die schützende Glasscheibe eingebürgert, die man einschlagen muß, bevor man den Apparat betätigen kann. Sie ist vor allem dort sinnvoll, wo der Auslöser relativ

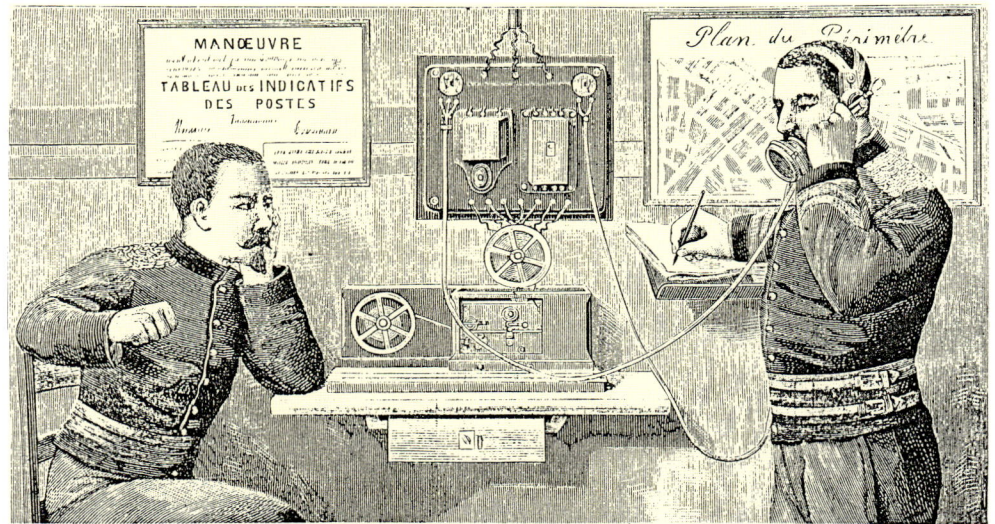

Feuermeldeanlage in Paris 1893. Oben der öffentliche Feuermelder, unten der Empfangsapparat in einem Feuerwehrdepot.

versteckt ist – zum Beispiel im Inneren von Gebäuden – und wo nur sehr selten Alarme zu erwarten sind. Die meisten Menschen müssen eine psychologische Hemmschwelle überwinden, bevor sie Glas zerschlagen. Hemmungslose Vandalen verraten sich wenigstens durch das entstehende Geräusch. Einige der öffentlichen Straßenmelder hatten auch einen Rasselwecker eingebaut, der Passanten aufmerksam machte, wenn jemand den Melder betätigte.

In der Alarmkette, die sich von der Wahrnehmung einer Gefahr bis zu den Bekämpfungsmaßnahmen erstreckt, ist der Mensch bis heute ein wichtiges, unentbehrliches Glied geblieben. Er läßt sich niemals ganz durch Technik ersetzen – so modern sie auch sein mag. Auch Computer und Mikrochips werden kaum je in der Lage sein, in jeder Situation sinnvolle Entscheidungen zu treffen. Ganz abgesehen davon, daß volltechnisierte Lösungen meistens zu teuer und zuwenig flexibel sind. So hat der alte Beruf des Wächters keineswegs ausgedient. Nur stößt er heute nicht mehr ins Horn, sondern betätigt Alarmtasten und greift zum drahtlosen Telefon.

Dieser Feuermelder im Werksgelände der Bayer AG, Leverkusen, stammt aus dem Jahre 1940 und versah noch in den siebziger Jahren seinen Dienst.

Im Zeitalter der Sensorik

Sich bewegende warme Objekte – so nimmt ein technischer Sensor eine solche Szene wahr.

Stockdunkle Nacht. Ab und zu fährt auf der nahen Straße ein Wagen vorbei. Dann zeichnen sich im Schein seiner Abblendlichter kurz die Silhouetten von Büschen und Bäumen ab: ein Garten oder ein kleiner Park. Gegen die Straße hin ist er mit einem schmiedeisernen Tor abgeschlossen. Dessen gemauerte Pfeiler sind noch warm, denn tagsüber brannte die Sonne auf den Stein.
Nichts scheint sich zu rühren. Doch plötzlich flammen Scheinwerfer auf, tauchen die Umgebung in grelles Licht. Ein Mann bleibt stehen, hält sich die Hände schützend vor die Augen, ergreift die Flucht. Ein automatisches Auge, das auch im Dunkeln noch sehen und Bewegungen erkennen kann, hat ihn geortet: ein passiver Infrarot-Sensor. Passiv bedeutet, daß er als reiner Empfänger Signale von außen aufnimmt. Auch das menschliche Auge ist übrigens ein solcher passiver Sensor. Aktive Sensorsysteme senden dagegen ständig ein Signal aus, empfangen es wieder und reagieren auf jede Veränderung. Doch davon später.
Jeder Mensch strahlt Körperwärme aus. Diese Strahlung hebt sich von der kühleren Umgebung ab. Der Infrarot-Sensor hat diesen Kontrast wahrgenommen und in ein elektrisches Signal umgewandelt, das den Alarm auslöste. Das ist an sich noch kein Problem, denn moderne Sensoren vermögen selbst auf Entfernungen von einigen Dutzend Metern noch Temperaturunterschiede von wenigen Tausendstelgrad zu erfassen. Aber was ist mit der warmen Gartenmauer? Auf sie darf der Sensor ebensowenig ansprechen wie auf die vorüberfahrenden Autos.
Es gilt also, aus der Flut von Wärme-Signalen genau jene auszufiltern, die eine Gefahr signalisie-

Modernes Testlabor für Intrusionsmelder bei Cerberus. Im Hintergrund eine künstliche Wärmequelle (sie simuliert den Menschen); im Vordergrund wird ein Passiv-Infrarotmelder in genau definierten Schritten geschwenkt. Der Rechner steuert die Anlage und wertet die Meßresultate aus.

ren. Auch hier hat die Natur wieder einmal das Vorbild geliefert: Alle Tiere, die Bewegungen erkennen, verfügen über Sinneszellen, die nur begrenzte Ausschnitte des Raumes wahrnehmen. Genauso sprechen bewegungsempfindliche Infrarot-Sensoren nur auf Wärmestrahlen an, die aus ganz bestimmten Richtungen eintreffen. Dazwischen liegen «blinde» Zonen. Der Detektor ist so programmiert, daß er nur dann anspricht, wenn ein Objekt die empfindliche Zone durchläuft.

Angenommen, der Sensor teile den Raum in zahlreiche empfindliche Zonen ein. Dann kann seine Elektronik darauf programmiert sein, nur bestimmte kritische Geschwindigkeiten zu erfassen. Da Autos in der Regel schneller sind als Einbrecher, kann die intelligente Elektronik sie als ungefährlich identifizieren. Aber wie reagiert das System auf eine Katze, die im Garten ihre nächtlichen Streifzüge unternimmt? Wie unterscheidet sich dieses bewegte Wärmesignal von dem eines Menschen? Diese und ähnliche ungelöste Fragen sind eine Herausforderung an die moderne Sensorik, die Technik der künstlichen Sinnesorgane. Wegen der zahlreichen Störeinflüsse im Freien eignen sich passive Infrarot-Sensoren vor allem zur Überwachung von Innenräumen, in denen sich zu bestimmten Zeiten keine Personen aufhalten sollten. Die empfindlichen Zonen eines solchen Sensors decken jeden wichtigen Winkel des Raumes ab und melden zuverlässig alles, was sich bewegt – vorausgesetzt, es ist eine Wärmequelle. Das Pendel einer Uhr löst keinen Alarm aus, denn es ist genauso warm wie die übrige Umgebung. Passive Detektoren lassen sich grundsätzlich täuschen, indem man sie mit bestimmten Tricks abdeckt oder sich selbst vor ihnen abschirmt. Mit intelligenter Elektronik kann man heute viele solche Versuche aufspüren. Aktive Systeme melden auch Versuche, den Melder auszuschalten. Bestimmte aktive Bewegungs-Detektoren funktionieren nach dem Radarprinzip mit Ultraschall, wie es auch die Fledermäuse anwenden (siehe Seite 64): Ein Sender schickt unhörbar hohe Schallwellen aus. Ein Empfänger fängt das Echo auf, das von Möbeln und Wänden zurückschallt. Solange die Frequenz des Echos genau der ausgesendeten

Frequenz entspricht, reagiert das System nicht. Mißt es dagegen einen Frequenzunterschied, dann muß der Gegenstand, von dem das Echo zurückkommt, sich bewegt haben: Entfernt er sich von der Schallquelle, ist die Frequenz tiefer; nähert er sich, ist sie höher als die Frequenz der Schallquelle.

Dies ist der Doppler-Effekt, aus dem Alltag vor allem dadurch bekannt, daß sich die Tonhöhe bei vorbeifahrenden Motorfahrzeugen verändert. Da der Doppler-Effekt mit zunehmender Geschwindigkeit immer stärker wirkt, macht er sich zum Beispiel bei motorsportlichen Anlässen oder beim Vorbeisausen eines pfeifenden Schnellzuges besonders deutlich bemerkbar.

Neben Ultraschall-Doppler gibt es auch Bewegungs-Detektoren, die dasselbe Prinzip mit elektromagnetischen Wellen hoher Frequenz anwenden. Solche Mikrowellen durchdringen gewisse Materialien wie Glas, Holz, Kunststoffe und Textilien. Das kann ein Vorteil, aber auch ein Nachteil sein. Will man beispielsweise nur einen bestimmten Raum überwachen, kann das System einen Menschen, der außerhalb eines Fensters oder einer Glastür vorübergeht, genauso erfassen wie einen, der unbefugt eingedrungen ist.

Bewegungsdetektoren nach dem Dopplerprinzip sprechen nur auf Gegenstände an, die sich dem System nähern oder sich von ihm entfernen. Für Bewegungen, die genau auf einer Kreislinie rund um den Sensor verlaufen, sind sie blind. Genau umgekehrt reagieren passive Infrarot-Sensoren: Sie reagieren auf alles, was sich quer zur Richtung der empfindlichen Zonen bewegt. In der Praxis sind fast immer beide Bewegungskomponenten miteinander kombiniert. Auch wird man die Sensoren so plazieren, daß sie optimal auf Bewegungen in den am meisten zu erwartenden Richtungen ansprechen.

Die Sensorik hat in den letzten Jahrzehnten große Fortschritte gemacht. Halbleitertechnik, Roboter- und Weltraumtechnologie haben entscheidend dazu beigetragen. Dank Mikroelektronik lassen sich heute Sensoren zusammen mit Rechner-Schaltkreisen auf Chips integrieren. Diese Entwicklung hat auch die Sicherheitstechnik entscheidend verändert.

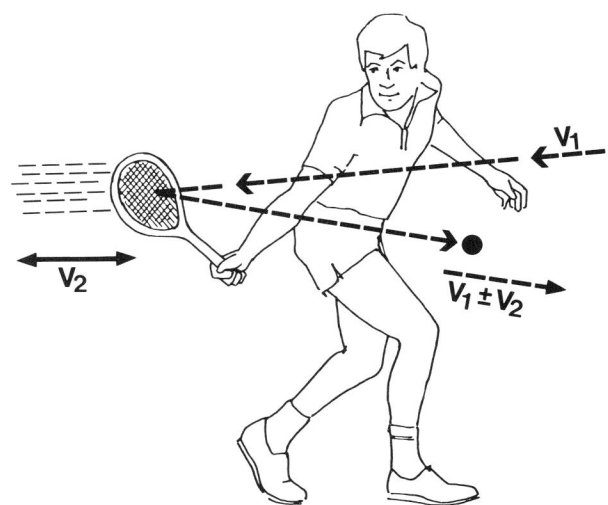

Doppler-Effekt im Tennis: Die Geschwindigkeit des Schlägers addiert sich zur Geschwindigkeit des ankommenden Balles, deshalb beschleunigt sich der Ball beim Return.

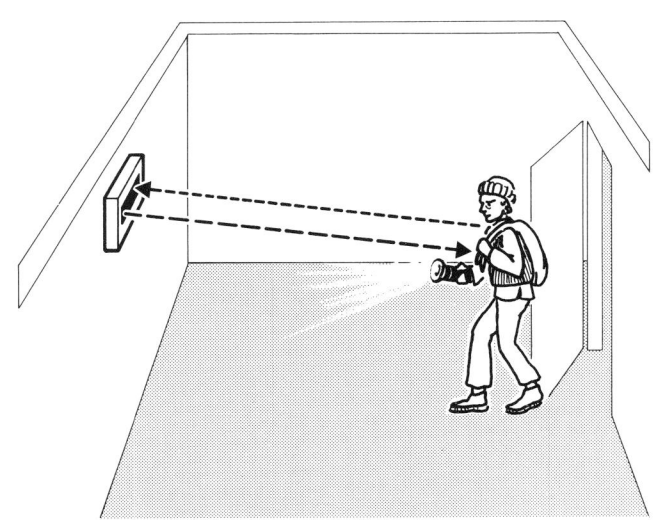

Doppler-Effekt beim Bewegungsmelder: Der Einbrecher übt hier die Funktion des Tennisschlägers aus; der Melder vergleicht die «Geschwindigkeit» der reflektierten und der ausgesendeten Welle. Eine Differenz zeigt an, daß ein Objekt sich dem Melder genähert oder von ihm entfernt hat.

Damit Hin- und Herbewegungen von Vorhängen nicht Fehlalarme auslösen, müssen sie ausgefiltert werden. Ein Cerberus-Techniker versucht, einen Ultraschall-Bewegungsmelder zu überlisten, indem er sich hinter einem schwingend bewegten Brett dem Melder nähert. Doch dieser verfügt über eine Schaltung, die feststellt, ob die Vorwärts- und Rückwärtsbewegungen gleich sind. Sind sie ungleich, löst der Melder trotz «Tarnschwingung» Alarm aus.

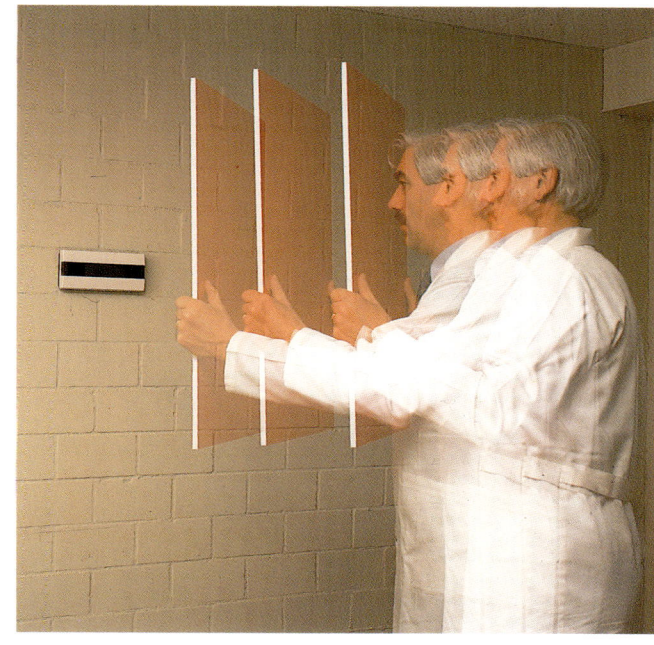

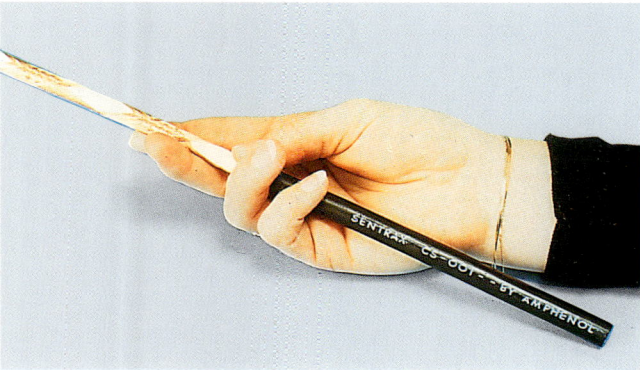

Hochfrequenzkabel zum Verlegen im Boden. Unter der schwarzen Isolierung befindet sich ein Kupfergeflecht zur Abschirmung; durch Öffnungen in der Abschirmung dringt das elektromagnetische Feld nach außen.

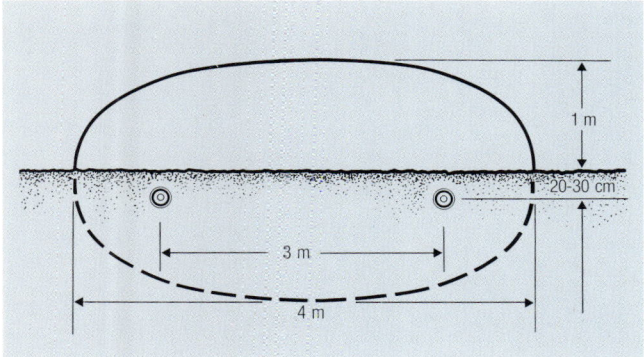

Zwei Hochfrequenzkabel im Boden und das von ihnen aufgebaute elektromagnetische Feld, im Querschnitt.

Früher waren die Möglichkeiten der Sensortechnik sehr beschränkt, jedoch durchaus vorhanden. Auch einfache Detektiv-Tricks funktionieren nach dem gleichen Prinzip: Wer zum Beispiel wissen will, ob während seiner Abwesenheit die Hoteltür geöffnet wurde, braucht nur — als einfachen mechanischen «Sensor» — ein Haar in den Türspalt einzuklemmen.

Heute fragen Physiker nach den Signalen, die ein Mensch in alarmierenden Situationen aussendet. Dann entwickeln sie neue Sensoren «nach Maß», die in solchen Situationen — und nur in solchen — einen Alarm auslösen. Im Falle eines Einbruchs sind Bewegungen oder Erschütterungen an Gegenständen charakteristisch.

Nähert sich ein Einbrecher einem gesicherten Gebäude, dann kann er zunächst auf einen sogenannten Perimeterschutz stoßen — eine Kombination aus mechanischen und elektronischen Mitteln, die um das zu schützende Objekt eine zum Teil unsichtbare Grenze ziehen: Torkontakte, Infrarot- oder Mikrowellenschranken, im Boden verlegte Sensorkabel. Dieses Überwachungssystem kann Beleuchtungen einschalten, Fernsehkameras steuern oder Alarm auslösen.

Von Schranken war schon ausführlich die Rede (S. 105 ff.). Mikrowellen haben gegenüber Infrarotstrahlen den Vorteil, daß sie auch Nebel, Regen und Schnee ungehindert durchdringen. Schranken sind einfache, aktive Meldesysteme. Sie senden ein Signal aus und empfangen es wieder. Solange sich die Umgebung nicht verändert, bleibt auch das empfangene Signal konstant. Sobald aber ein Mensch die unsichtbare Schranke durchbricht, verändert sich das Signal. Bei Lichtschranken ist dies eine reine Ja-Nein-Information: Ja, der Lichtstrahl trifft auf den Sensor, oder nein, er trifft nicht ein und ist folglich unterbrochen. Dieses Detektionsprinzip ist auch mit einfachsten Mitteln zu verwirklichen.

Höhere Ansprüche stellt ein Detektor, der Signalgrößen erfaßt und mit einem vorgegebenen Wert vergleicht. Er ist weniger störanfällig als ein Ja-Nein-Melder und vermittelt mehr Informationen als dieser.

Eine «Schranke» der raffinierteren Art besteht zum Beispiel aus zwei Kabeln, die mit einem gewissen Abstand parallel im Boden verlegt sind. Durch das eine Kabel fließt ein Hochfrequenz-Strom, der Radiowellen erzeugt. Das Kabel ist abgeschirmt, so daß keine Wellen in die Umgebung dringen können – außer an definierten Öffnungen. Rund um diese Öffnungen bauen sich elektromagnetische Felder auf, die ineinander übergehen und eine lückenlose unsichtbare Schutzzone bilden. Das zweite Kabel dient als Empfangs-Antenne, und ein angeschlossener Rechner analysiert das empfangene Signal. Sobald ein Mensch sich im elektromagnetischen Feld bewegt, ändert sich das Empfangssignal, und die Steuerung schaltet auf Alarm. Im Unterschied zu einer Lichtschranke läßt sich die Empfindlichkeit eines solchen Systems so regulieren, daß es nur auf einen Menschen anspricht, nicht aber auf eine Katze oder auf einen vorbeifliegenden Vogel.

Zurück zum Einbrecher. Angenommen, er habe das Gebäude erreicht und versuche nun, mit Gewalt einzudringen. Für diesen Fall kommen zwei Detektor-Typen in Frage. Der erste basiert wiederum auf dem Prinzip der Schranke und liefert eine Ja-Nein-Information: Ist die Tür mit dem am Rahmen befestigten Schaltkontakt geschlossen oder offen; ist das Alarmglas mit den eingelegten, unter Strom stehenden Drähten noch intakt? Solche Sensoren melden erst dann einen Alarm, wenn der Einbrecher erfolgreich war, wenn es ihm gelungen ist, die Tür aufzuwuchten oder die Fensterscheibe einzuschlagen.

Der zweite Typ spricht dagegen schon auf Einbruchsversuche an. Diese Versuche erzeugen in harten Materialien Vibrationen, sogenannten Körperschall. Erschütterungsmelder erfassen und analysieren diesen Schall. Der Sensor besteht aus einem an der Wand montierten Mikrophon. Es nimmt Vibrationen auf, wandelt diese in ein elektrisches Signal um, das einer Recheneinheit zugeleitet und dort analysiert wird. Diese Analyse dient dazu, die Geräusche eines Einbrechers von den vielen unverdächtigen Lärmquellen wie vorbeifahrenden Verkehrsmitteln, zufallenden Türen und Fenstern usw. zu unterscheiden. Eine Feuerlanze, mit der ein Einbrecher Betonwände durchtrennt, erzeugt ein leises, lange anhalten-

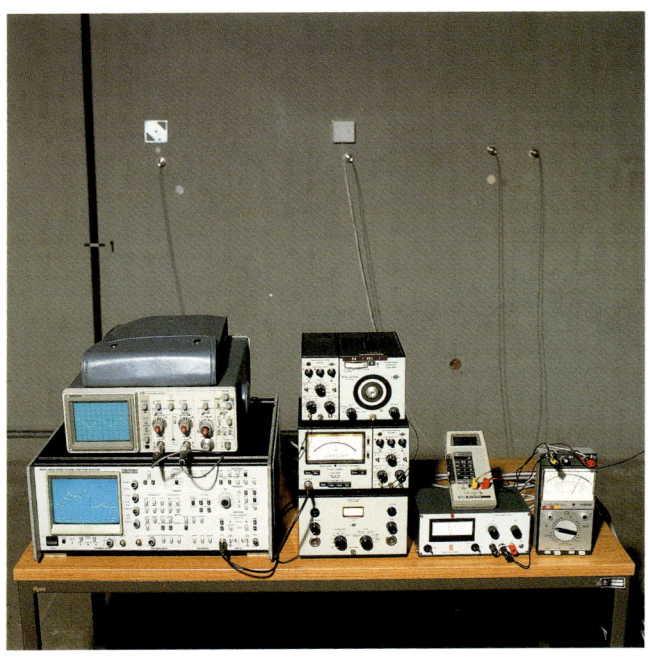

Versuchsaufbau zum Testen von Körperschallmeldern

Signale von Körperschallmeldern bei verschiedenen Schallquellen. Von oben nach unten: Explosion, Hammerschläge, Schlagbohrmaschine, Sauerstofflanze.

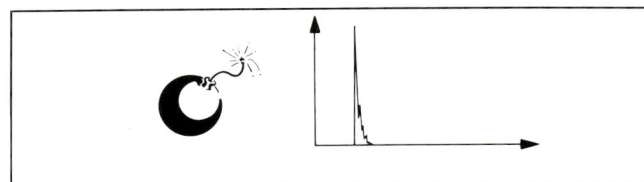

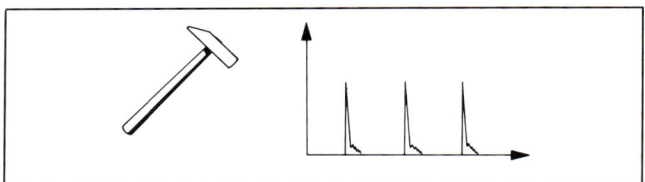

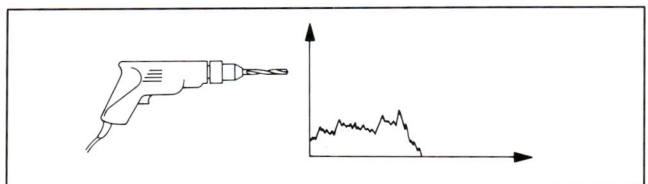

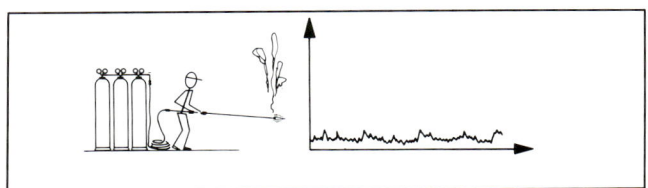

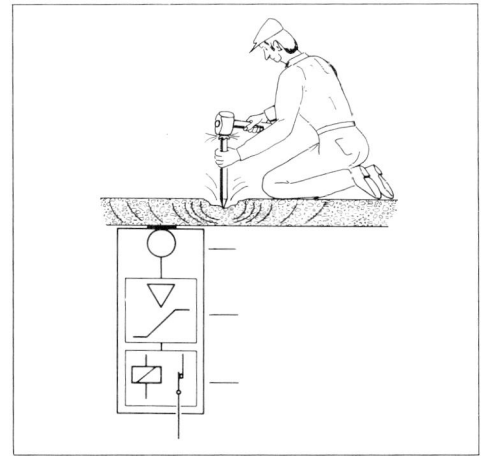

Schema eines Körperschall-
melders. Ein Mikrophon (oben)
ist fest mit dem zu überwa-
chenden Objekt verbunden.
Ein selektiver Verstärker
(Mitte) filtert die relevanten
Signale aus und verstärkt sie.
Ein Relais (unten) schließt den
Alarmstromkreis.

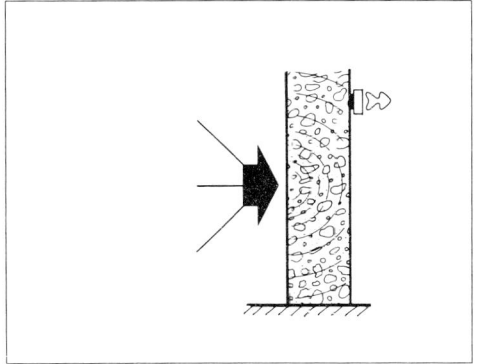

Körperschallmelder an einer
Hausmauer zum Schutz gegen
Durchbrüche (z.B. bei Bankge-
bäuden)

Bildermelder: Ändert sich das
Gewicht am Haken auch nur
geringfügig, löst der Melder
Alarm aus.

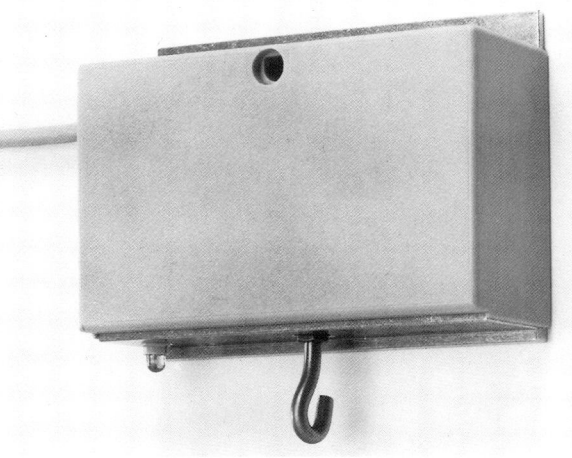

des Geräusch in hohen Tonlagen. Eine Schlagbohrmaschine ist lauter, ihr Geräusch umfaßt ein
breites Frequenzspektrum und hält ebenfalls längere Zeit an. Hammerschläge sind laut, kurz und
wiederholen sich, während sich Sprengstoffex-
plosionen nur einmal, dafür aber durch extreme
Erschütterung bemerkbar machen. Die Vorteile
des zweiten Sensortyps liegen auf der Hand: Er
löst den Alarm früher aus, und so bleibt dem Einbrecher weniger Zeit, bis sein Tun entdeckt wird.
Fensterscheiben sind besonders kritische
Schwachstellen in einem Gebäude. Ein Hammer-
schlag genügt, und schon kann der Einbrecher
ungehindert einsteigen. Das Geräusch zersplit-
ternden Glases ist zu leise für einen Erschütterungsmelder, der in einiger Entfernung von der
Glasscheibe montiert ist. Der Sensor eines Glas-
bruchmelders ist direkt auf der Scheibe angebracht. Glasbruch erzeugt typische Ultraschallge-
räusche im Bereich zwischen hundert Kilohertz
und einem Megahertz. Ein Rechner kann diese
Geräusche leicht von allen Erschütterungen der
intakten Glasscheibe unterscheiden. Selbst ein
starkes Pochen gegen die Scheibe löst noch keinen Alarm aus.
Angenommen, der Einbrecher habe alle Barrieren
überwunden und sei in den geschützten Raum
eingedrungen. Dann treten die schon erwähnten
Bewegungssensoren auf Infrarot-, Ultraschall-
oder Mikrowellenbasis in Aktion. Auch einzelne
wertvolle Gegenstände, wie Gemälde oder Plasti-
ken, lassen sich mit Sensoren überwachen. Bei
einem Bild, das an der Wand hängt, ist der Haken
selbst ein Sensor: Verändert sich das daran hän-
gende Gewicht, löst er Alarm aus.
Wenn Sensoren eine Bewegung feststellen,
braucht es sich übrigens nicht immer um eine
Alarmsituation zu handeln. Im Gegenteil: Wenn
sich eine Person in einem Raum aufhält, ist dies
oft eine beruhigende Tatsache und kann zum Beispiel ein Grund sein, die Empfindlichkeit anderer
Sensoren zu senken.

Dieses Großraumbüro für Börsenhändler in einer Bank ist lückenlos mit Sensoren überwacht.

Wo Rauch ist,
muß Feuer sein

F1 von Cerberus, 1941 der erste Ionisations-Rauchmelder
auf dem Markt, an der Decke
neben einer Glühlampe montiert.

Der zweite Weltkrieg stand vor der Tür. Was
würde er bringen? Krieg mit konventionellen
Waffen oder das Schreckgespenst des Giftgas-
krieges? Könnte man sich bei rechtzeitigem Erkennen dagegen schützen?
Ein junger Schweizer Physiker, Walter Jaeger, saß
in jener Zeit vor einer Versuchsapparatur und
schüttelte den Kopf: Nein das konnte nicht funktionieren. Jaeger experimentierte mit einer sogenannten Ionisationskammer. Das sind im Prinzip
zwei Metallplatten, zwischen denen sich Luft befindet. Strahlen einer schwachen radioaktiven
Quelle erzeugen aus Luftmolekülen Ionen, das
heißt elektrisch geladene Teilchen. Sie machen
die Luft elektrisch leitend; legt man an die Platten
eine elektrische Spannung, dann fließt ein Strom.
Dieser ist allerdings äußerst schwach – weniger
als ein Milliardstel Ampère. Mit geeigneten In-
strumenten läßt er sich aber messen.
Jaeger wollte mit der Ionisationskammer ein
Warngerät für Giftgase konstruieren. Doch das
erwies sich als aussichtslos: Bei solchen Gasen
sind die lebensgefährlichen Konzentrationen so
klein, daß sie niemals ausreichen, das Verhalten
der Ionisationskammer hinreichend zu beeinflus-
sen.
Während Jaeger, eine Zigarette rauchend, enttäuscht vor seiner Apparatur saß, bemerkte er
plötzlich starke Stromschwankungen. Sie mußten von dem Zigarettenrauch stammen, der zwischen den Platten der Ionisationskammer durch-
strich. Die Ionen lagern sich nämlich an die
Rauchteilchen an und fließen deshalb weniger
schnell von der einen Platte zur anderen: Der
Strom wird kleiner. Das war's! Jaeger beschloß,

Schaltschema (oben) und Aufbau
(unten) des Rauchmelders F1.
 1 Glimmrelais
 2 Anode
 3 Steuerelektrode
 4 Kathode
 5 Erdungsring
 6 Heizwicklung
 7 Isoliermasse
 8 Vergleichskammer
 9 Platinschicht
10 Radiumpräparat
11 Radiumpräparat
12 Schutzschicht
13 Ionisationskammer
 R Gleichstromrelais
 B Alarmkontakte
Die eingekreisten Zahlen bezeichnen die vier Adern des
Anschlußkabels.

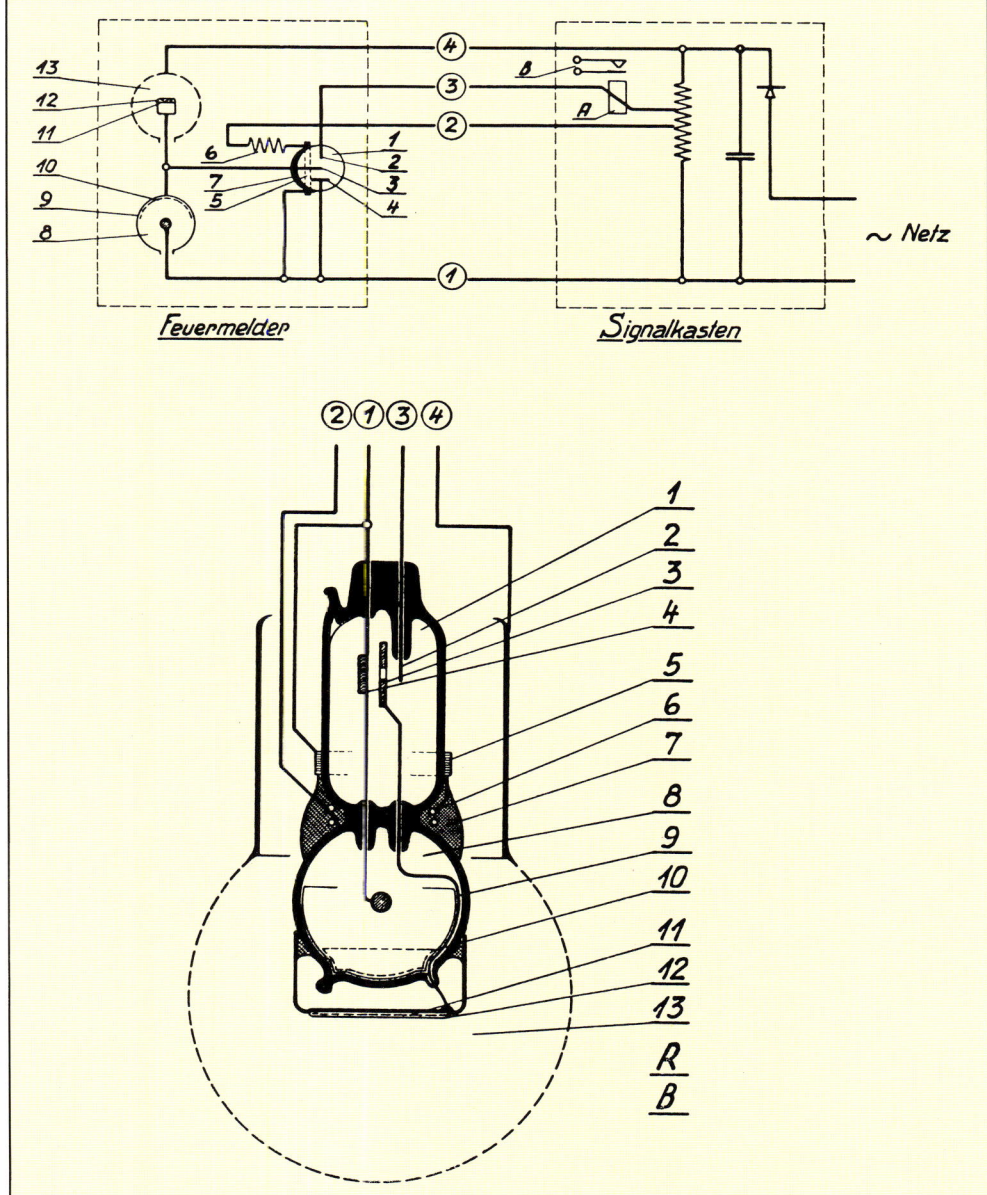

sein Giftgas-Warngerät zu vergessen und stattdessen einen elektronischen Brandmelder zu
konstruieren. Das war der Ausgangpunkt für
eine epochemachende Entwicklung auf dem Gebiete der Branderkennung.

Doch vorerst zurück zum damaligen Stand der
Technik. Wie beschrieben (s.S. 116 ff.), waren zu
jener Zeit fast ausschließlich thermische Brandmelder auf dem Markt. Sie alarmierten entweder
bei einer bestimmten Maximaltemperatur oder
bei einem raschen Temperaturanstieg. Diese Hit-
zefühler hatten sich recht gut bewährt. Doch bis
es so heiß wird, daß sie ansprechen und einen
Alarm auslösen, hat das Feuer bereits ein gefährli-
ches Ausmaß angenommen. Eine wirkliche Früh-
erkennung war mit solchen Meldern nicht zu erreichen.

Bessere Erfolgsaussichten bot die alte Weisheit:
Wo Rauch ist, muß auch Feuer sein. Lange bevor
es heiß wird und Flammen einen hellen Schein
verbreiten (auf den Fotosensoren ansprechen
könnten), erzeugt jedes Feuer Verbrennungsgase
und Rauch. So konzentrierten sich denn die Bemühungen der Erfinder mehr und mehr auf das
Ziel, ein technisches «Rauchauge» zu entwickeln.
Seit der Erfindung von Elektronenröhre und Foto-
zelle war dies grundsätzlich möglich. Da Rauch
die Luft verdunkelt, lag es nahe, vorerst diesen Effekt auszunutzen. Das geschieht im Durchlicht-
melder: Man mißt die Helligkeit eines Lichtstrahls
nach Durchquerung einer bestimmten Meß-
strecke. Rauch dämpft den Strahl und löst über
einen Fotoverstärker Alarm aus. Etwas später
wurde ein zweites Verfahren entwickelt, der
Streulichtmelder. Dabei befindet sich das licht-
empfindliche Element außerhalb des gebündel-
ten Lichtstrahls. Solange die Luft rein ist, geht
alles Licht am Detektor vorbei. Tritt Rauch in die
Kammer ein, wird das Licht an den Rauchteilchen
gestreut, ein kleiner Anteil trifft auf den Detektor
und löst Alarm aus.

Beide Methoden waren schon vor dem Krieg bekannt, aber recht aufwendig und fanden deshalb
keine große Verbreitung. Auch konnten sie nur
sichtbaren Rauch feststellen. Es war daher für
Jaeger eine verlockende Idee, auf der Basis einer
Ionisationskammer einen ganz neuartigen Brand-

melder zu entwickeln. Schon die Vorversuche hatten gezeigt, daß ein solcher nicht nur auf sichtbaren Rauch, sondern auch auf unsichtbare Verbrennungsprodukte anspricht. So löst das Abbrennen eines Blattes Zeitungspapier in einem normalen Zimmer augenblicklich Alarm aus. Auch ein Schwelbrand wird angezeigt, lange bevor eine Temperaturerhöhung festgestellt werden kann.

Jaegers Entdeckerfreude war groß. Sie erlitt allerdings später einen kleinen Dämpfer, als er erfuhr, daß Professor Greinacher in Bern schon 1922 bei Versuchen mit Ionisationskammern zur Staubanalyse darauf hingewiesen hatte, seine Anordnung eigne sich möglicherweise auch zur Messung von Rauchkonzentrationen. Auch wußte Jaeger damals noch nicht, daß schon zwei Jahre früher die beiden Franzosen Malsallez und Breitmann einen ähnlichen Brandmelder entwickelt und zum Patent angemeldet hatten. Ihre Erfindung wurde aber nie kommerziell ausgewertet. Möglicherweise war der Ausbruch des Weltkriegs daran schuld, wahrscheinlich aber auch die noch nicht ausgereifte Konstruktion.

Das Hauptproblem lag in den außerordentlich schwachen Strömen, die es zu messen galt. Solange es nicht gelang, sie mit einfachen zuverlässigen Mitteln milliardenfach zu verstärken, hatte die an sich glänzende Idee keine Aussichten auf Erfolg. Vor diesem fast unlösbaren Problem stand auch Jaeger. Die einzige damals zur Verfügung stehende Lösung bestand in einer sogenannten Elektrometerröhre. Das war eine spezielle Elektronenröhre (ähnlich einer Radioröhre), ziemlich unförmig, teuer, mit beschränkter Lebensdauer und einem beträchtlichen Strombedarf. Sowohl Greinacher wie die Franzosen arbeiteten mit dieser Röhre. Jaeger verwarf diese Lösung zu Recht. Doch welche anderen Möglichkeiten gab es, extrem kleine Ströme so zu verstärken, daß sie ein Signal auslösen konnten? Jaeger experimentierte zuerst mit statischen Voltmetern. Diese Instrumente messen Spannungen, ohne daß ein Strom fließt; die elektrostatische Ladung bewegt einen Zeiger. An einem solchen Zeiger hätte man zum Beispiel einen Kontakt anbringen können. Doch berührungslose Kontakte lagen damals noch au-

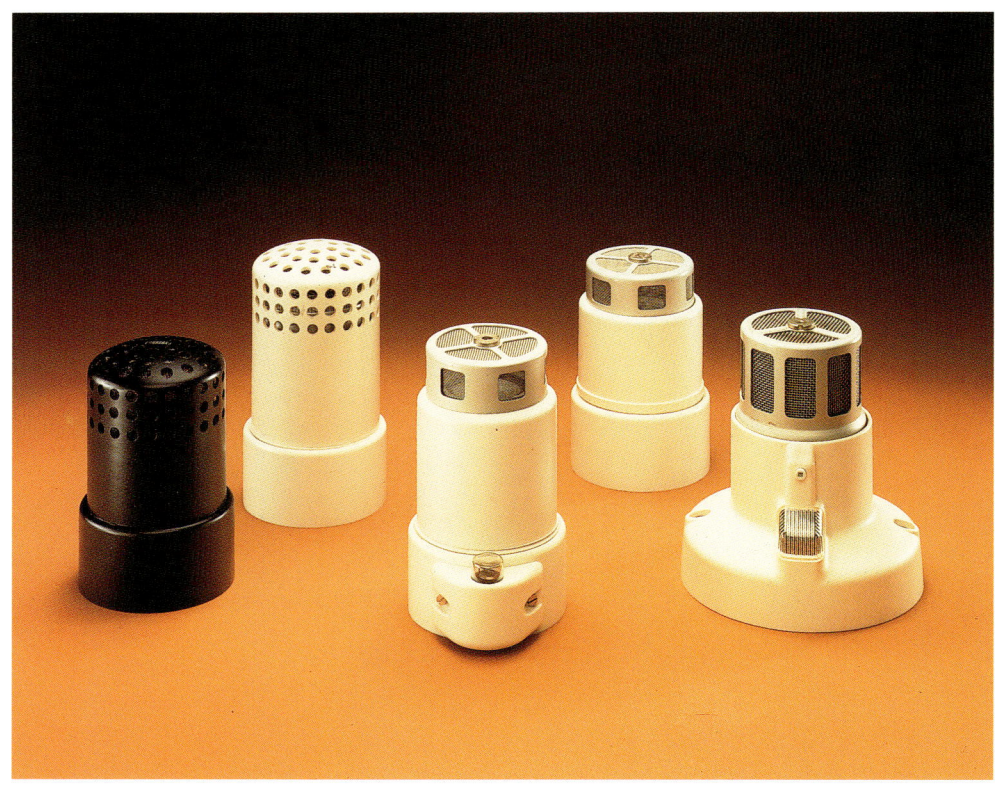

Entwicklungsstadien industrieller Brandmelder nach dem Ionisationsprinzip. Baujahre von links nach rechts: 1943, 1945, 1949, 1950, 1952. Das letzte Modell erreichte einen Qualitäts- und Leistungsstand, der den Anforderungen viele Jahre lang gerecht wurde.

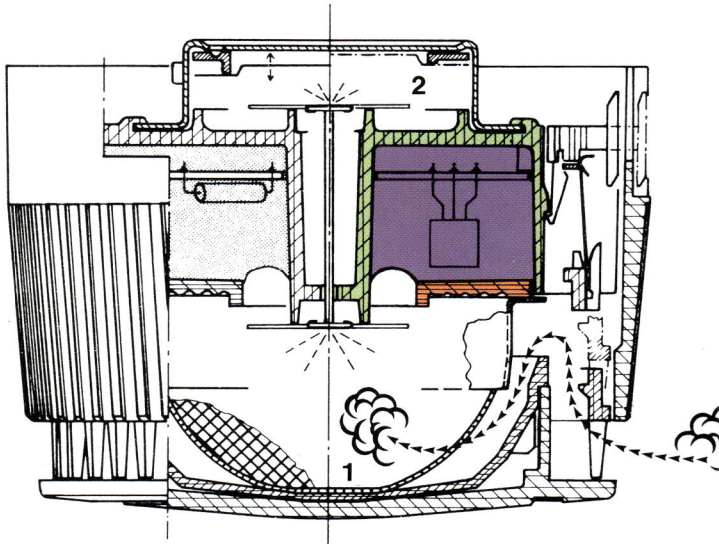

Moderner Rauchmelder nach dem Zweikammersystem, aufgeschnitten: Der Rauch dringt durch das metallene Gitter in die Prüfkammer (1), deren Luft mit Hilfe von Americium leitfähig gemacht wurde. Im Vergleich mit Luft in der zweiten Kammer (2) ergibt sich ein Spannungsunterschied, der Alarm auslöst.

Rauchmelder sprechen schon bei geringsten Rauchkonzentrationen an, zu einem Zeitpunkt, in dem sich der Brand noch nicht sehr weit entwickelt hat.

ßerhalb der technischen Möglichkeiten, und die extrem kleinen Kontaktdrücke hätten neue, umfangreiche Entwicklungsarbeiten erfordert. Deshalb wandte sich Jaeger einer Technik zu, die mehr Erfolg versprach: dem Glimmrelais.

Ein Glimmrelais besteht aus einem Glaskolben mit drei Elektroden. An zwei davon, Anode und Kathode, legt man eine relativ hohe Spannung. Im Unterschied zur Elektronenröhre ist die Kathode nicht geheizt, und der Glaskolben ist nicht bloß leergepumpt, sondern mit einem Edelgas gefüllt. So fließt zwischen Kathode und Anode normalerweise kein Strom (während bei Röhren mit geheizter Kathode ständig ein Strom fließt). Unmittelbar neben der kalten Kathode — man nennt diese Röhren deshalb auch Kaltkathodenröhren — befindet sich die Steuer-Elektrode. Ein kleiner Strom genügt, um als «Zündfunke» eine kleine Glimm-Entladung zwischen Kathode und Steuer-Elektrode auszulösen. Damit wird auch das Edelgas zwischen Kathode und Anode elektrisch leitend, und zwischen diesen Elektroden beginnt ein Strom zu fließen, der millionenfach stärker ist als der auslösende Steuerstrom.

Ein solches Glimmrelais ist also kein eigentlicher Verstärker, sondern gewissermaßen ein elektronischer Schalter ohne Strombedarf im Bereitschaftszustand und damit die ideale Lösung für den Brandmelder. Der Haken lag in den Ionisationsströmen: Sie waren allzuklein, um die Hauptentladung auszulösen. Mit einem technischen Trick gelang es aber Jaeger dennoch, diese Röhre verwendbar zu machen. Die winzigen Ionisationsströme luden einen Kondensator auf, und periodische Spannungsimpulse hoben diese kleine Ladung soweit an, daß sie im Alarmfall den Zündpunkt überschritt und einen kräftigen Steuerfunken auslöste. Damit stellte Jaeger im Labor funktionsfähige Brandmelder her. Aus meßtechnischen Gründen verwendete er zwei in Serie geschaltete Ionisationskammern, eine geschlossene und eine offene, dem Rauch zugängliche, deren Spannungsänderung zur Steuerung des Glimmrelais diente.

Das war der technische Stand, als Jaeger 1940 beschloß, solche Melder zu fabrizieren und dafür eine Firma zu gründen. Er wandte sich deshalb an seinen Freund und Studienkollegen Ernst Meili, um ihn als Teilhaber und Verantwortlichen für die Weiterentwicklung zu gewinnen. Jaeger, phantasievoller Optimist und überzeugender Redner, schilderte seine erfolgreichen Versuche und seine Pläne. Die Entwicklung sei praktisch abgeschlossen, nur noch einige Detailprobleme seien zu lösen. Meili sagte zu; dies war, wie sich bald zeigen sollte, für das junge Unternehmen und die ganze Technik der Frühwarn-Brandmeldung von entscheidender Bedeutung. 1941 wurde die Firma Cerberus mit dem Symbol des wachsamen dreiköpfigen Höllenhundes gegründet.

Bald stellte sich heraus, daß der Brandmelder in der von Jaeger vorgesehenen Konstruktion bei weitem nicht herstellungsreif war. So ging es vorerst darum, zu verbessern, was noch zu verbessern war. Dies stellte das junge Unternehmen mitten im Krieg vor enorme Probleme. Viele Materialien, Meßinstrumente und Fabrikationseinrichtungen waren kaum noch erhältlich. Beide Firmengründer waren sich einig, daß das Herzstück des Melders, das Glimmrelais, selbst hergestellt werden mußte. Das bedeutete, sich in das Abenteuer der Röhrenherstellung zu stürzen. Daneben galt es, eine Unzahl von weiteren Problemen zu lösen: extrem hohe Isolationswiderstände, die auch Hitze und Feuchtigkeit aushielten, Konstanz der Strahlenquelle, Reproduzierbarkeit der elektrischen Charakteristiken usw.

Immerhin gelang es 1942 mit einigen Klimmzügen, den ersten funktionierenden Frühwarn-Brandmelder auf den Markt zu bringen, der sowohl auf sichtbare wie unsichtbare Verbrennungsprodukte ansprach. Nach dem damaligen Stand der Technik waren die Anforderungen an den Melder eindeutig an der Grenze des Machbaren, z.T. sogar jenseits davon. So war es unvermeidlich, daß in der Produktion große Schwierigkeiten auftauchten.

Trotzdem war Meili von der Idee des Frühwarn-Brandmelders voll überzeugt, mit der Einschränkung allerdings, daß nur eine von Grund auf neue Konzeption ans Ziel führen könne. So setzte er sich als erste Aufgabe, ein neues Glimmrelais zu entwickeln, das ohne die komplizierte Impulsschaltung direkt steuerbar war. Zu diesem Zweck

Brandversuch im Labor. Alle Kenngrößen werden minutiös erfaßt und mit dem Computer ausgewertet. So versucht man dem Ziel, einen Brand möglichst frühzeitig zu entdecken, immer näher zu kommen.

Die Größe der Rauchteilchen beeinflußt ihre Beweglichkeit und damit auch das Verhalten eines Ionisations-Rauchmelders. In diesem Brandlabor untersucht ein Forscher mit aufwendigen Installationen die Größenverteilung der Rauchteilchen. Sie bewegt sich zwischen 3 Millionstel- und einem Tausendstelmillimeter.

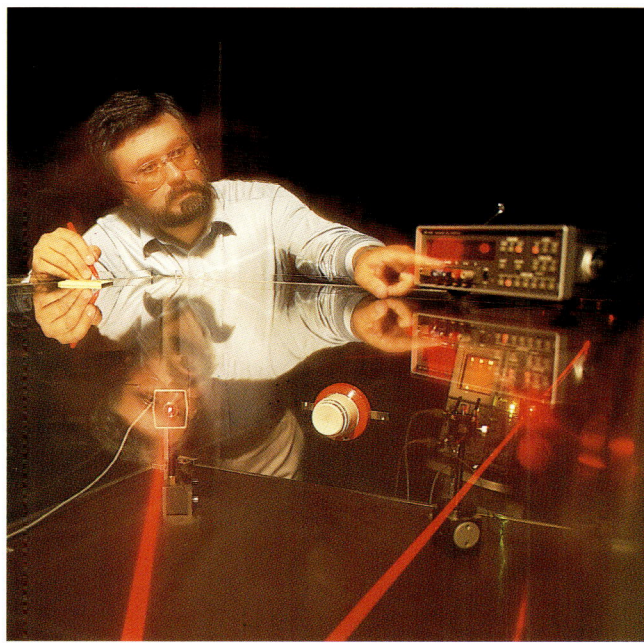

Modernste technische Mittel in der Sensorik-Forschung

begann er eine größere Arbeit über die Zündcharakteristik einer Gasentladung, eine Arbeit, die einerseits ihren Niederschlag in einer Dissertation an der Eidgenössischen Technischen Hochschule fand, anderseits seinen Traum in Erfüllung gehen ließ: eine Röhre, die mit fast beliebig kleinen Strömen direkt einen milliardenfach stärkeren Signalstrom auslösen konnte. Um es vorwegzunehmen: Diese Röhre blieb während der nächsten zwanzig Jahre das einzige Element, das die Anforderungen eines Ionisationsmelders erfüllen konnte; es bildete den eigentlichen Schlüssel zum Erfolg der Cerberus. Neben dieser Röhrenentwicklung konstruierte Meili den Melder von Grund auf neu, um die Schwachstellen des alten Modells zu überwinden.

Damit unternahm Cerberus einen zweiten Anlauf. Der Durchbruch gelang. Die Idee der Frühwarn-Brandmeldung trat einen ungeahnten Siegeszug an; Cerberus erlebte in der Folge eine stürmische Entwicklung. Zwar fehlte es nicht an zahlreichen Nachahmungsversuchen, doch keiner war erfolgreich. Dabei war weniger der Patentschutz maßgebend als die Beherrschung der anspruchsvollen Gasentladungs-Technologie. Das Bild änderte sich erst Mitte der sechziger Jahre, als eine neue Halbleitergeneration mit Feldeffekt-Transistoren das Problem der Verstärkung von kleinsten Strömen löste und das Glimmrelais auf überzeugende Weise ersetzte.

Damit traten auf der ganzen Welt Konkurrenzprodukte auf. Sie beendeten zwar die monopolartige Stellung der Cerberus, belebte dafür aber den Markt auf eine unvorhergesehenen Weise. In den USA sind sogar viele Privathäuser mit Brandmeldern ausgerüstet. Heute dürften weltweit über hundert Millionen Melder installiert sein. Ist es diesen zu verdanken, daß z.B. in den USA die Zahl der jährlichen Brandopfer von über zehntausend auf sechstausend zurückgegangen ist?

Wie sah es aber all diese Jahre mit den optischen Brandmeldern aus? Solange man sie mit Elektronenröhren als Verstärker betreiben mußte, waren sie preislich und betrieblich den Ionisationsmeldern so unterlegen, daß sie nur ein Schattendasein führten. Doch das änderte sich mit der Halbleitertechnik schlagartig. Neue langlebige Lichtquellen und stromsparende Verstärker eröffneten ungeahnte Möglichkeiten. So wurden die optischen Melder zur Frühwarnung konkurrenzfähig.

Damit ist aber die Palette der heutigen Frühwarnmelder noch nicht erschöpft. Für spezielle Anwendungen haben sich Flammenmelder, d.h. Sensoren, die auf das Flackern einer offenen Flamme ansprechen, als nützlich erwiesen. Ferner sind Bemühungen im Gange, gewisse Schutzbedürfnisse mit gasempfindlichen Halbleitern abzudecken.

Vom Paßwort
zur automatischen
Personenkontrolle

Toc, toc-toc! Das verabredete Klopfzeichen läßt die Männer verstummen. Einer von ihnen, nennen wir ihn Philippe, geht zur Tür.

«C'est qui?»

«Jean.»

«Parole?»

«Arc-en-ciel!»

Philippe öffnet und läßt Jean eintreten. Die kleine Aktionsgruppe der Résistance ist jetzt vollzählig und kann eine neue Sabotage gegen die Besatzungsmacht planen.

Ähnliche Szenen mögen sich im Laufe der menschlichen Geschichte unzählige Male abgespielt haben – typischerweise dann, wenn eine kleine Gruppe von Verschwörern sich gegen eine materiell überlegene Macht zusammentat. Die Nazis im besetzten Frankreich schützten ihre Hauptquartiere mit Panzern; die Widerstandskämpfer hatten Gewehre und mußten sich im Untergrund versteckt halten.

Was solche verschworenen Kleingruppen am meisten fürchten müssen, ist Verrat. Deshalb haben sie in der Regel ein System von mehrfachen Zutrittskontrollen entwickelt, um Nichteingeweihte fernzuhalten. Da man sich einmal da, einmal dort traf – auch das eine Sicherheitsmaßnahme – schieden technische Einrichtungen von vornherein aus. Stattdessen übertrug man das Schlüssel-Schloß-Prinzip auf die Ebene der Information – in modernem Sprachgebrauch von Hard- zu Software.

Wer in der kurz geschilderten Résistance-Szene den Versammlungsraum betreten wollte, hatte eine fünffache Sicherheitssperre zu überwinden: Er mußte zur richtigen Zeit am richtigen Ort sein,

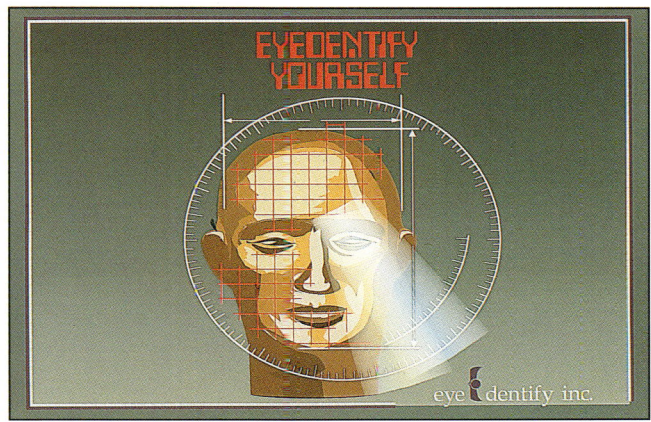

Der Mensch im Visier technischer Erkennungsmethoden. Neben dem Fingerabdruck sind zahlreiche weitere Merkmale einmalig für eine ganz bestimmte Person. Technische Sensoren können diese Merkmale erfassen, und eine Computerschaltung kann sie mit abgespeicherten Werten vergleichen.

> Das Auge, nicht nur Spiegel der Seele, sondern auch eindeutiges Erkennungsmerkmal jeder einzelnen Person. Kleinste Details im Muster der Regenbogenhaut erfaßt und überprüft der Computer in Sekundenschnelle.

sich mit dem richtigen Klopfzeichen melden, sein Name mußte der Gruppe bekannt sein, und schließlich mußte er das Passwort kennen.

Einfache Schlüsselworte bieten nur begrenzten Schutz, ähnlich wie Schlüssel mit einfachem Bart. Doch ebenso wie raffinierte Meisterwerke der Schlosserkunst können auch Schlüsselworte allerlei Sperrmechanismen enthalten. So hätte die Gruppe zum Beispiel vereinbaren können, daß auf die Frage «Parole?» nicht gleich das Schlüsselwort, sondern zuerst ein Räuspern folgen müsse. Ratsam war auch, daß «Philippe» und «Jean» im bürgerlichen Leben anders hießen, und daß man sich nur unter Decknamen kannte. Diese Vorsichtsmaßnahme kontrolliert nicht den Zutritt, sondern vermindert eine typische Schwachstelle aller Sicherheitssysteme: Der Gegner kann Schlüsselpersonen durch Geiselnahme, Folter oder Erpressung bedrohen.

Persönliches Erkennen ist die wirksamste Zutrittskontrolle, die es gibt. Doch sie hat ihre Grenzen. Nicht nur muß ständig ein Wächter da sein, sondern er muß auch alle Berechtigten persönlich kennen. Eine bewährte Ersatzmethode besteht darin, Berechtigte mit einem besonderen, leicht erkennbaren Merkmal auszustatten. Das kann eine Uniform sein, ein Paßwort — aber auch etwas, das mit elektronischen Mitteln wahrnehmbar ist, wie Magnetkarten oder andere Identifikationsmerkmale. So betrachtet, sind Schlüssel so etwas wie übertragbare Eigenschaften ihrer Träger. Das Schloß dient als technischer «Sensor», der die Eigenschaft des Schlüssels wahrnimmt und sinnvoll darauf reagiert.

Erst mit den Fortschritten moderner Elektronik ist es gelungen, auch natürliche Eigenschaften von Personen technisch wahrzunehmen. Die Maschine kann in manchen Fällen sogar verblüffend «menschlich» reagieren, indem sie dieselben Merkmale verarbeitet, an denen auch Menschen sich gegenseitig erkennen.

So gibt es heute Identifikationssysteme, die den Klang einer menschlichen Stimme speichern und später zweifelsfrei wiedererkennen. Solche Systeme sind vor allem im Bankensektor gefragt, wo zahlreiche Kunden eindeutig identifiziert werden müssen und wo die Betrugsgefahr sehr hoch

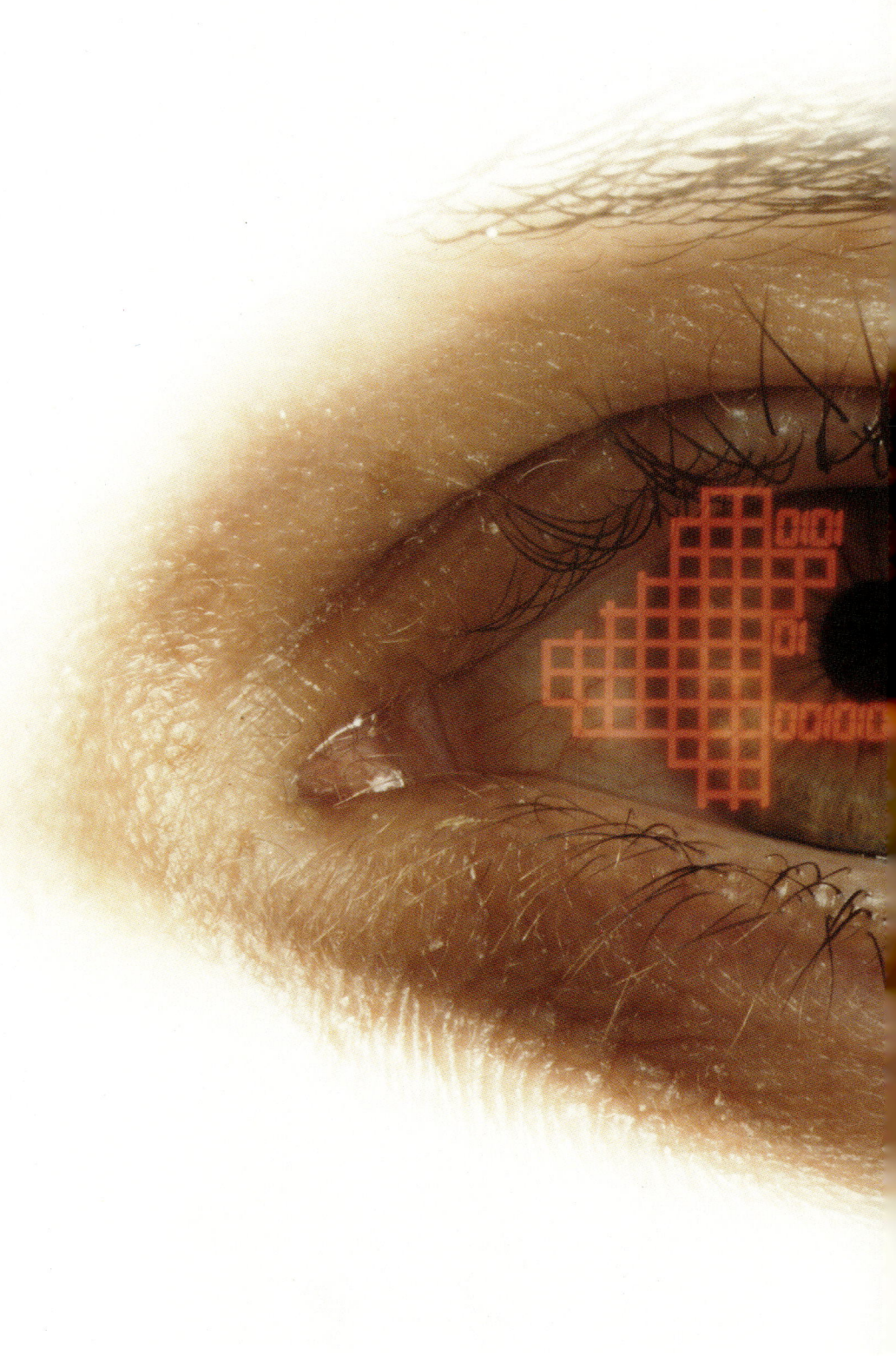

ist. Deshalb gibt es heute bereits eine ganze Anzahl von sogenannten biometrischen Erkennungsmethoden.

Bei der akustischen Identifikation wandelt das System das Frequenzspektrum der menschlichen Stimme in ein grafisches Muster um, einen Stimmabdruck sozusagen. Jede Stimme ist so charakteristisch für eine bestimmte Person, daß sie sogar trotz Frequenzverzerrungen am Telefon problemlos erkennbar ist. Akustische Identifikationssysteme enthalten eine Datenbank aller erfaßten Stimmproben. Bankkunden oder Mitarbeiter in besonders gesicherten Bereichen eines Unternehmens sprechen dann einfach in ein Mikrofon, und das System vergleicht den entsprechenden Stimmabdruck mit jenen in der Datenbank. Bei Übereinstimmung identifiziert das System den Benützer als «bekannt», läßt ihn passieren oder signalisiert dem Kassier, daß das Konto verfügbar ist.

In polizeilichen Ermittlungen längst bewährt, sind Fingerabdrücke nach wie vor eine der zuverlässigsten natürlichen «Visitenkarten». Auch sie lassen sich heute biometrisch erfassen. Fingerabdruckleser sind mit einem optischen Sensor ausgerüstet. Man legt einfach den Zeigefinger der rechten Hand auf den Sensor; ein Rechner wandelt das Kurvenmuster der Hautrillen in digitale Daten um und vergleicht diese mit dem Inhalt einer Datenbank. Sekundenschnell ist der Benützer identifiziert.

Andere Identifikationssysteme erfassen das Muster des «Augensterns», die Streifen in der Iris. Diese Haut schillert in zahlreichen Farbschattierungen und heißt deshalb Regenbogenhaut. Wie der Fingerabdruck ist auch dieses Streifenmuster bei jedem Menschen einmalig. Zur Prüfung schaut der Benützer in einen optischen Aufsatz des Gerätes, und die weitere Verarbeitung erfolgt wie bei den anderen Identifikationssystemen.

Diese Systeme beruhen auf einer Technologie, die in den letzten Jahren einen eigentlichen Durchbruch erzielt hat: automatische Mustererkennung. Erster Anwendungsbereich war die Texterfassung mittels OCR — Optical Character Recognition. Zunächst entwickelte man Systeme, die Buchstaben in einer ganz bestimmten OCR-

Schrift lesen konnten. Inzwischen sind die Systeme flexibler geworden und können die Buchstabenformen fast jeder beliebigen Druckschrift in kurzer Zeit «lernen».

Doch die automatische Mustererkennung steht erst am Anfang einer großen Entwicklung, die in Zukunft die gesamte Sicherheitstechnik revolutionieren wird. Bereits gibt es erste Systeme einer neuen Generation. Sie können Muster auch dann zuordnen, wenn sie leicht voneinander abweichen. Dabei orientieren sich die Ingenieure wieder einmal am Vorbild der Natur, die ja diese Aufgabe längst gelöst hat. Das Gehirn arbeitet grundsätzlich anders als ein Computer. Es ist flexibel und lernfähig, während ein Computer nur das tut, worauf er programmiert ist, und bei den kleinsten Abweichungen kläglich versagt. Das liegt an grundsätzlichen Unterschieden in den logischen Abläufen: Computerlogik ist scharf, die Logik eines Gehirns unscharf.

Informatiker versuchen jetzt, die Computerlogik weicher und unschärfer zu machen und haben dabei bereits vielversprechende Erfolge erzielt. Als erste praktische Anwendung bietet sich wieder OCR an. Die Systeme der neuen Generation sind zum Teil heute schon fähig, verschiedene Druckschriften auf Anhieb zu lesen, ähnlich wie ein Mensch, der einmal lesen gelernt hat.

Um viele Grade schwieriger, aber im Prinzip keineswegs unmöglich ist die Aufgabe, Handschriften automatisch zu lesen. Doch da selbst Menschen oft über krakeligen Hieroglyphen rätseln müssen, dürfte auch die Technik hier an eine Grenze stoßen. Für die Praxis ist dies jedoch belanglos, denn wer erfaßt heute noch handschriftliche Texte? Doch automatische Unterschriftenprüfung ist eine durchaus realistische Zukunftsanwendung.

Intelligente Systeme

Große Fortschritte der Sensortechnik dank Miniaturisierung: Dieser industriell gefertigte pyroelektrische Sensor hat einen Durchmesser von 8 Millimetern.

Schon seit Jahrmilliarden schwimmen die kleinsten Lebensformen, die es gibt, in den Weltmeeren. Es sind Viren, und erst kürzlich stellte sich heraus, daß sie zehnmillionenfach häufiger vorkommen, als man bisher glaubte. Virusinfektionen müssen also seit Urzeiten die Entwicklung des Lebens auf der Erde stark mitbeeinflußt haben.

Heute hat die Technik einen Stand erreicht, der kühne Vergleiche provoziert: Steht die moderne Mikroelektronik dort, wo das Leben einst begann? Immerhin sind es ja ebenfalls Viren, die die Computerkultur am stärksten bedrohen. Sie funktionieren nach denselben Prinzipien wie ihre natürlichen Vorbilder, «infizieren» ihre Opfer mit vergleichbaren Methoden, vervielfältigen sich selbst und können sich heimtückisch tarnen. Inzwischen haben die Programmentwickler zurückgeschlagen und Anti-Viren-Programme entwickelt, die wiederum Viren-Bastler zu neuen Bosheiten herausfordern. In der technischen Welt der Computer hat also so etwas wie eine biologische Evolution begonnen, ähnlich wie die Lebewesen einst zum Schutz vor Viren ein Immunsystem aufbauten.

Für die Zukunft der Sicherheitstechnik dürfte entscheidend sein, wie sich die Infektionsgefahr der Computerviren und die Abwehrkräfte der technischen «Immunsysteme» weiterentwickeln. Nur intelligente Systeme können die Sicherheit weiter verbessern. Denn sie sammeln Meldungen und bereiten sie zu besseren Entscheidungsgrundlagen auf. In Streß-Situationen ist dies besonders wichtig.

Je empfindlicher die Sensoren, desto wahrschein-
licher sind Fehlalarme. Um sie auszuschalten, läßt
man verschiedene Sensoren zusammenwirken.
So lösten Brandmelder in einer Lagerhalle immer
dann Fehlalarme aus, wenn Lastwagen an der
Rampe vorfuhren und ihre Abgase in die Halle
pufften. Natürlich hätte man einfach die Brandmelder unempfindlicher stellen können. Doch
dann hätten sie vielleicht bei einem Brand nicht
mehr rechtzeitig angesprochen. Eine Kombination mit einem Mikrophon, das als akustischer
Sensor wirkte, löste das Problem. Immer wenn ein
Lastwagen vorfährt, meldet das Mikrophon cha-
rakteristische Geräusche, worauf ein Steuerme-
chanismus den Brandmelder weniger empfindlich einstellt. Jetzt lösen die Abgase keinen Alarm
mehr aus.

Statt mehrere Sensoren für eine Überwachungs-
aufgabe zu kombinieren, kann man auch einen
Sensor gleichzeitig in verschiedenen Funktionen
einsetzen. So sind zum Beispiel zur Überwachung
der Objekte in einem Ausstellungsraum Infrarot-
Bewegungsdetektoren (siehe Seite 112 f.) installiert. Während der Öffnungszeiten schalten sie
die Beleuchtung ein, wenn sich Besucher im
Raum aufhalten ; bewegt sich längere Zeit nichts,
dann schalten sie die Beleuchtung aus. Diese In-
stallation spart nicht nur einen erheblichen Anteil
Energie, sondern dient nachts als Einbruchsmel-
der.

In den letzten Jahren hat vor allem in Japan die
Gebäudeautomation einen starken Aufschwung
genommen. Herzstück ist ein Zentralcomputer,
der alle Klima-, Beleuchtungs- und Sicherheitsfunktionen eines Hauses steuert. Dabei gilt
es allerdings zu beachten, daß die Sicherheitsan-
lagen bis zu einem gewissen Grad autonom bleiben und nicht in Betriebsfunktionen integriert
sind. Denn Sicherheitsfunktionen treten ja nur
sehr selten in Aktion, dann aber müssen sie äußerst zuverlässig arbeiten, sonst ist das Prinzip
Sicherheit nicht mehr gewährleistet.

In Europa steht Gebäudeautomation noch in den
Anfängen. Experten sagen ihr weltweit eine
große Zukunft voraus, um so mehr, als sie ihre
Kinderkrankheiten schon größtenteils überwunden hat. Die ersten Pioniere der Gebäudeautoma-

Diese bizarren Figuren, bei denen sich dieselben Muster vom
Großen bis ins Kleinste ständig
wiederholen, nennt man Frak-
tale. Sie beruhen auf neuartigen mathematischen Metho-
den, mit denen die Forscher
auch bekannte Erscheinungen
wie die Verteilung von aufstei-
gendem Rauch – wie auf Seite
153 – besser zu verstehen suchen.

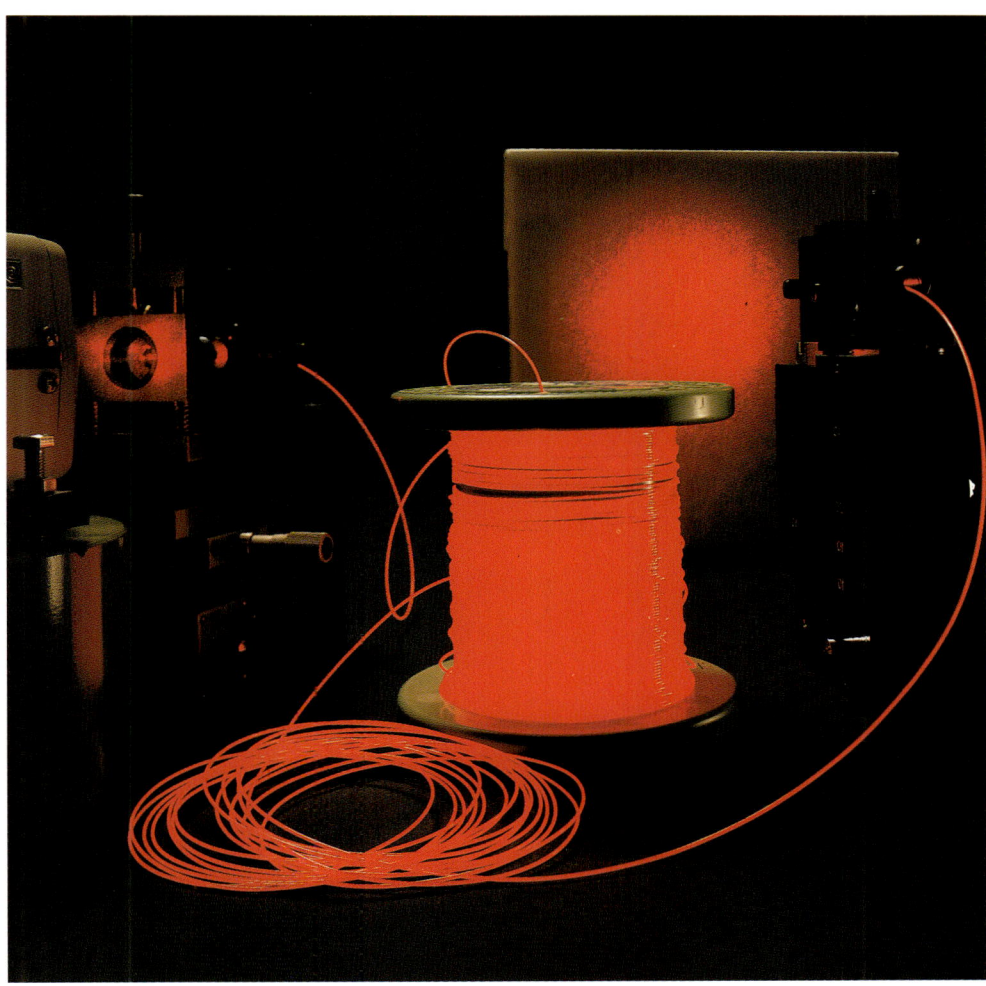

Die Glasfaser, Basis einer bevorstehenden Revolution der Computertechnik. Computer, die mit Licht arbeiten, werden um Größenordnungen leistungsfähiger sein als die heutigen Rechner. Die Opto-Elektronik – eine kombinierte Technik aus lichtempfindlichen Elementen und elektronischen Bauteilen – macht rasante Fortschritte.

tion glaubten nämlich, mit dem Zentralcomputer alles und jedes regeln zu müssen und alle Funktionen vollautomatisch zu gestalten. Doch zahlreiche Störfälle, die oft das ganze Haus lahmlegten, wiesen diese Tendenz in die Schranken. Auch möchten sich die Bewohner nicht von der Technik bevormunden lassen, sondern selber eingreifen können. So konzentriert man heute die Computerintelligenz nicht mehr in einer Zentrale, sondern verteilt sie auf zahlreiche Untersysteme, die miteinander kommunizieren. Alle Funktionen sind zudem flexibel, individuell steuerbar.

Die Intelligenz eines Sicherheitssystems läßt sich objektiv messen. Immer wenn ein Alarmsystem anspricht, gibt es grundsätzlich zwei Möglichkeiten: Ein Schaden hat sich ereignet, oder ein Fehlalarm ist aufgetreten. Dasselbe gilt für den umgekehrten Fall: Bleibt die Alarmanlage stumm, dann ist entweder alles in Ordnung, oder das System hat auf einen Schaden nicht angesprochen. Auch das beste Alarmsystem kann niemals Gewißheit bieten, sondern höchstens eine hohe Wahrscheinlichkeit, daß ein Alarm auch tatsächlich eine Gefahr anzeigt. Eine solche Zuverlässigkeit benötigt Zeit: Je höher ein Temperaturfühler eingestellt ist, desto zuverlässiger wird er nur bei einem Brand ansprechen, aber im Extremfall ist das Haus in der Zwischenzeit abgebrannt. Stellt man ihn möglichst tief ein, wird er schneller ansprechen, doch nicht nur bei einem Brand. Die Wahrscheinlichkeit ist also eine Funktion der Zeit: Zunächst beginnt sie bei Null (völlige Ungewißheit) und strebt dann nach und nach gegen höhere Werte, im Idealfall zu einem Wert nahe bei Eins (Gewißheit). Je steiler diese Wahrscheinlichkeitskurve verläuft, desto intelligenter ist das System.

Wie jede Technik hat auch die Sicherheitstechnik ihre Grenzen. Zum einen wäre absolute Sicherheit, wenn es sie gäbe, völlige Erstarrung, mit dem Leben nicht vereinbar. Risiko muß sein, es geht also darum, das Risiko auf ein tragbares Maß zu verringern. Und dies hat mit einer weiteren Grenze der Sicherheitstechnik zu tun – mit den Menschen, ihren Wünschen und Vorstellungen. Die einen suchen das Risiko, akzeptieren große Gefahren, andere sind betont vorsichtig. Die Meinungen werden immer geteilt sein, und in diesem Spannungsfeld steht die Sicherheitstechnik. Nicht alles, was machbar ist, wird gesellschaftlich und politisch durchzusetzen sein. Zu Kompromissen zwingen auch wirtschaftliche Gründe. Selbst wenn es gelänge, die perfekte Alarmanlage zu konstruieren, wäre wohl kaum jemand bereit oder in der Lage, den horrenden Preis dafür zu bezahlen.

So bleibt Sicherheit trotz aller technischer Fortschritte ein zutiefst menschliches Problem. Und das ist gut so.

Anhang

Literatur

Leben zwischen Feuer und Wasser

Das Deutsche Feuerwehrbuch, Dresden und Leipzig, 1929

Schimank, H.: Feuer und Wasser, In: VFDB Zeitschrift 7, Heft 4, 149–159 (1958)

Ideen ohne Gewähr

Feldhaus, F. M.: Die Technik der Vorzeit. Leipzig und Berlin, 1914

Frischauer, P.: Knaurs Sittengeschichte der Welt. München, Zürich, 1968

Fuchs, E.: Illustrierte Sittengeschichte vom Mittelalter bis zur Gegenwart. Verlag Klaus Guhl, Reprint, 1. Auflage 1909

Dreitausend Jahre Ingenieurskunst

Cerutti, H.: Swissair Gazette 9, 1983

Feldhaus, F. M.: Die Technik der Vorzeit. Leipzig und Berlin, 1914

Gautsch, K.: Das chemische Feuer-Löschwesen in allen seinen Theilen nach dem heutigen Stand der Wissenschaft und Erfahrung in Wort und Bild. München, 1891

Schimank, H.: Feuer und Wasser. In: VFDB Zeitschrift 7, Heft 4, 149–159 (1958)

Schatzkammern für die Ewigkeit

Horwitz, H. Th.: Über die Konstruktion von Fallen und Selbstschüssen. In: Beiträge zur Geschichte der Technik und Industrie. Jahrbuch des VDI, Bd. 14. Berlin, 1924

Mendelssohn: Das Rätsel der Pyramiden. Bergisch Gladbach, 1974

Reportagen aus der alten Welt. Hg. G. Kirchner. Fischer Taschenbuch Verlag, 1978

Vandenberg, Ph.: Der Fluch der Pharaonen. Bergisch Gladbach, 1976

Hebelkraft und Hydraulik

Das Deutsche Feuerwehrbuch, Dresden und Leipzig, 1929

Hornung, W.: Die Feuerlöschpumpe im Altertum. In: VFDB Zeitschrift 9 (1960)

Höllenhund und Himmelsschlüssel

Canz, S.: Schlüssel, Schlösser und Beschläge. Alte Schlosserkunst aus den Sammlungen des Bayerischen Nationalmuseums. Wuppertal, 1976

Die Schlosser – in der Reihe: Das Handwerk in Sprüchen, Versen und Anekdoten. Privatdruck der Handwerksbank Basel, Bd. 12. Basel, 1977

Sonderausstellung Schloß und Schlüssel. Alte und neue Schlosserkunst. Museum für Kulturgeschichte und Kunstgewerbe am Steiermärkischen Landesmuseum Johanneum. Graz, 1965

Zünd lieber andre an

Das Deutsche Feuerwehrbuch. Dresden und Leipzig, 1929

Eis, G.: Altdeutsche Zaubersprüche. Berlin, 1964

Feldhaus, F. M.: Die Technik der Vorzeit. Leipzig und Berlin, 1914

Gautsch, K.: Das chemische Feuer-Löschwesen in allen seinen Theilen nach dem heutigen Stand der Wissenschaft und Erfahrung in Wort und Bild. München, 1891

Glitsch, H.: Gottesurteile. Reihe Voigtländers Quellenbücher, Bd. 44. Leipzig o. J.

Graf, R.: Geschichtlicher Rückblick auf die Entwicklung der Brandbekämpfungstechnik. In: VFDB Zeitschrift 6, Heft 4, 168–170 (1957)

Harmjanz, H.: Die deutschen Feuersegen und ihre Varianten in Nord- und Osteuropa. FF Communications, Bd. 37, 1, 103

Wiese: Feuerdarstellungen in der bildenden Kunst. In: Feuer und Wasser. Zeitschrift für Feuerschutz und Rettungswesen, Berlin, 28 (1921), 29 (1922)

Diebe und Einbrecher im Tierreich

Autrum, H.: Biologie – Entdeckung einer Ordnung. München, 1970

Bronsart, H. v.: Erfinderin Natur. Murnau, München, Innsbruck, 1953

Jorgensen, B.: Tiere als Erfinder. München, 1970

Du darfst – er nicht

Autrum, H.: Biologie – Entdeckung einer Ordnung. München, 1970

Deutscher Forschungsdienst 29, Bonn, 1988

Schmid, F. R.: Wunderwelt der Ameisen. Hallwag Taschenbuch Bd. 26, Bern und Stuttgart, 1980

Signale in der Tierwelt. Vom Ursprung der Natur. (Hg. D. Burkhardt, W. Schleidt, H. Altner) München, 1966

Achtung, das könnte gefährlich werden!

Autrum, H.: Biologie – Entdeckung einer Ordnung. München, 1970

Jorgensen, B.: Tiere als Erfinder. München, 1970

Signale in der Tierwelt. Vom Ursprung der Natur. (Hg. D. Burkhardt, W. Schleidt, H. Altner), München, 1966

Wickler, W.: Die Biologie der Zehn Gebote. München, 1971

Spürnasen und Argusaugen

Autrum, H.: Über Energie- und Zeitgrenzen der Sinnesempfindungen. In: Die Naturwissenschaften Jg. 35, Heft 12, 361–368 (1948)

Fricke, H.: Im Reich der lebenden Fossilien. GEO 10, 1987

Jorgensen, B.: Tiere als Erfinder. München, 1970

Max-Planck-Gesellschaft, Presseinformation 9, 1988

Omni 5, 137 (1988)

Paturi, F. R.: Geniale Ingenieure der Natur. Düsseldorf, Wien, 1974

Bionik oder Die Natur als Vorbild

Bionik. Lernen von der Natur. Ausstellung des Siemens-Museums, München

Gérardin, L.: Natur als Vorbild. Die Entdeckung der Bionik. München, 1968

Marko, H.: Bionik oder die Nutzung biologischer Kenntnisse für den technischen Fortschritt. Elektronische Zeitschrift, Jg. 93, 12, 697–702 (1972)

Mölbert, F.: Wechselbeziehungen zwischen Biologie und Technik. Schneider, D.: Die Arbeitsweise tierischer Sinnesorgane im Vergleich zu technischen Meßgeräten. In: Veröffentlichungen der Arbeitsgemeinschaft für Forschung des Landes Nordrhein-Westfalen. Heft 169, 1967

Nachtigal, W.: Phantasie der Schöpfung. Faszinierende Entdeckungen der Biologie und Biotechnik. München, 1983

Omni 3, 1988

Wiesner, W.: Organismen – Strukturen – Maschinen. Frankfurt, 1959

Das geistige Sicherheitsschloß

Huelke, H.-H.: Die Technik des Verbrechers und die Technik der Kriminalpolizei in historischer Sicht. Kriminalpolizei und Technik. Arbeitstagung im Bundeskriminalamt Wiesbaden, 1967

Jeremias, A.: Handbuch der altorientalischen Geisteskultur. Leipzig, 1913

Nelken, S.: Das Bewachungsgewerbe. Ein Beitrag zur Geschichte des Selbstschutzes. Berlin, 1926

Thurnwald, R.: Werden, Wandel und Gestaltung des Rechtes im Lichte der Völkerforschung. Berlin und Leipzig, 1934

Naturwissenschaftliches und Kriminalistisches

Abels, A.: Alte und moderne Einbrecher. Vortrag im Bayerischen Techniker-Verband e. V., München, 1909

Nelken, S.: Brandstiftungen. In: Feuer und Wasser. Zeitschrift für Feuerschutz und Rettungswesen, Berlin, 29, 141–143 (1922)

Schneickert, H., Geissel, H.: Einbruch und Diebstahl und ihre Verhütung. Praktische Winke zum Schutz von Eigentum und Leben. Berlin und Potsdam, 1923

Tages-Anzeiger, Zürich, 16. 5. 1988

Von der Höllenmaschine zur Brandstifter-AG

Nelken, S.: Brandstiftungen. In: Feuer und Wasser. Zeitschrift für Feuerschutz und Rettungswesen, Berlin, 29, 141–143 (1922)

Nelken, S.: Die Brandstiftung, ihre Ursachen, Feststellung und Verhütung. Berlin, 1925

Schlosser und Einbrecher: ein Jahrtausendkrimi

Canz, S.: Schlüssel, Schlösser und Beschläge. Alte Schlosserkunst aus den Sammlungen des Bayerischen Nationalmuseums. Wuppertal, 1976

Die Schlosser – in der Reihe: Das Handwerk in Sprüchen, Versen und Anekdoten. Privatdruck der Handwerksbank Basel, Bd. 12. Basel, 1977

Eiser, F.: Neuzeitlicher Tresorbau. Essen, 1928

Fink, J.: Der Verschluß bei den Griechen und Römern, Regensburg, 1890

Huelke, H.-H.: Die Technik des Verbrechens und die Technik der Kriminalpolizei in historischer Sicht. Kriminalpolizei und Technik. Arbeitstagung im Bundeskriminalamt Wiesbaden, 1967

Klaiber, H.: Schlösser und Schlüssel. Sonderdruck aus Nr. 20–22 des Gewerbeblatts aus Württemberg, Jahrgang 1921

Locks and safes. The Illustrated London News, Nr. 1174, Bd. 41 527–529 (1862)

Neue Sicherungen gegen Einbruch. Uhrmacherwoche 30, Nr. 22, 621–622

Quennell, M. und C. H. B.: Everyday Things in Homeric Greece. London, 1929

Schlegel, F. W.: Tür und Beschlag. Entwicklung, Funktion, Konstruktion. Duisburg, 1958

Schlüssel und Schlösser. In: Robert Forrer – Reallexikon der prähistorischen, klassischen und frühchristlichen Altertümer. Berlin und Stuttgart, 1907

Schneickert, H., Geissel, H.: Einbruch und Diebstahl und ihre Verhütung. Praktische Winke zum Schutze von Eigentum und Leben. Berlin und Potsdam, 1923

Sonderausstellung Schloß und Schlüssel. Alte und neue Schlosserkunst. Museum für Kulturgeschichte und Kunstgewerbe am Steiermärkischen Landesmuseum Johanneum. Graz, 1965

Der Wächter, der niemals schläft

Dingler's Polytechnisches Journal, Bd. 241, Augsburg, 1876

Huelke, H.-H.: Die Technik des Verbrechers und die Technik der Kriminalpolizei in historischer Sicht. Kriminalpolizei und Technik. Arbeitstagung im Bundeskriminalamt Wiesbaden, 1967

Magazin aller neuen Erfindungen, Entdeckungen und Verbesserungen für Fabrikanten, Manufakturisten, Künstler und Ökonomen. Bd. 2, Leipzig, 1812

Nelken, S.: Einbruchssicherung und Diebesfallen. In: Jahrbuch der angewandten Naturwissenschaften, Jg. 35, Freiburg i. Br., 1929

Patentschrift N. 1356, Deutsches Reich, 1877

Robida, A.: Le vingtième siècle. Paris, 1883

Wärmestrahlen im Nachrichten- und Sicherungswesen. In: Das technische Blatt. Beilage der Frankfurter Zeitung, Jg. 13, Nr. 37, 1931

Wie schützt man seinen Laden vor Einbrechern? In: Deutsche Uhrmacher-Zeitung, Jg. 43, Nr. 15, Nr. 17, Berlin, 1919

Verhüten ist besser als Löschen

Das deutsche Feuerwehrbuch. Dresden und Leipzig, 1929

Doehring, W.: Handbuch des Feuerlösch- und Rettungswesens. Berlin, 1881

Eberhardt, M.: Die Feuerlösch-Präparate und ihr practischer Nutzen. In der Reihe: Technische Mitteilungen, Heft 21. Zürich, 1888

Feldhaus, F. M.: Die Technik der Vorzeit. Leipzig und Berlin, 1914

Feuerschutz und Feuerrettungswesen, Berlin, 1901

Die Brandalarm-Tüftler haben es nicht leicht

Feldhaus, F. M.: Die Technik der Vorzeit. Leipzig und Berlin, 1914

Patentschrift Nr. 90083, Deutsches Reich, 1896

Scientific American 25. Nov. 1893, S. 341

Zeitschrift für Angewandte Elektricitätslehre, Jg. 4, Bd. 4, Nr. 22, S. 498, München und Leipzig, 1882

Von Pumpen, Schläuchen und Brausen

Caus, S. de: Von gewaltsamen Bewegungen. Problema XX: Eine sehr nothwendige Machina, in Fewers Noth zu gebrauchen.

Das deutsche Feuerwehrbuch. Dresden und Leipzig, 1929

Die ersten Feuerwehrschläuche in Deutschland. In: Feuer und Wasser. Zeitschrift für Feuerschutz und Rettungswesen, Berlin, Jg. 29, S. 159 (1922)

Die Feuerspritze von Hans Hautsch. In: Feuer und Wasser. Zeitschrift für Feuerschutz und Rettungswesen, Berlin, Jg. 28, S. 24 (1921)

Die Feuerspritze von Jacques Besson. In: Feuer und Wasser. Zeitschrift für Feuerschutz und Rettungswesen, Berlin, Jg. 28, S. 28 (1921)

Die Feuerspritze von Salomon de Caus. In: Feuer und Wasser. Zeitschrift für Feuerschutz und Rettungswesen, Berlin, Jg. 28, S. 91 (1921)

Doehring, W.: Handbuch des Feuerlösch- und Rettungswesens. Berlin, 1881

Feuerlösch-, Heizungs- und Lüftungseinrichtungen des Opernhauses in Frankfurt a. M. Zeitschrift des VDI, Bd. 30, 1886

Feuerschutz und Feuerrettungswesen. Berlin, 1901

Hornung, W.: Die Feuerlöschpumpe im Altertum. In: VFDB Zeitschrift 9 (1960)

Von Bomben, Granaten und Wundermittelchen

Doehring, W.: Handbuch des Feuerlösch- und Rettungswesens. Berlin, 1881

Eberhardt, M.: Die Feuerlösch-Präparate und ihr practischer Nutzen. In der Reihe: Technische Mitteilungen, Heft 21. Zürich, 1888

Feldhaus, F. M.: Die Technik der Vorzeit. Leipzig und Berlin, 1914

Gautsch, K.: Das chemische Feuer-Löschwesen in allen seinen Theilen nach dem heutigen Stand der Wissenschaft und Erfahrung in Wort und Bild. München, 1891

Graf, R.: Geschichtlicher Rückblick auf die Entwicklung der Brandbekämpfungstechnik. In: VFDB Zeitschrift 6, Heft 4, 168–170 (1957)

Histoire de l'Académie Royale des Sciences, 1722

Mémoires de mathematique et physique, 1722

Nollet: Leçons de physique expérimentale, tome 4, 1749

Rette sich, wer kann

Beiträge zur Geschichte der Feuerleitern. In: Feuer und Wasser. Zeitschrift für Feuerschutz und Rettungswesen. Berlin, Jg. 29, S. 275, S. 305 (1922)

Doehring, W.: Handbuch des Feuerlösch- und Rettungswesens. Berlin, 1881

Feuerschutz und Feuerrettungswesen. Berlin, 1901

The Mechanics Magazine, Museum, Register, Journal and Gazette, vol. 12, London, 1829

«Hört, ihr Herrn, und laßt euch sagen...»

Das deutsche Feuerwehrbuch. Dresden und Leipzig, 1929

Das Toposcop auf dem St. Stephansthurme in Wien. Karl Ludwig Edlen von Littrow. Wien, 1837

Die Entwicklungsgeschichte der Feuerwehren. In: Feuer und Wasser. Zeitschrift für Feuerschutz und Rettungswesen, Berlin, Jg. 29, S. 320 (1922)

Doehring, W.: Handbuch des Feuerlösch- und Rettungswesens. Berlin, 1881

Feuerzeiger (Steinheils Pyroskop). In: Feuer und Wasser. Zeitschrift für Feuerschutz und Rettungswesen, Berlin, Jg. 28, S. 386 (1921)

Nelken, S.: Das Bewachungsgewerbe. Ein Beitrag zur Geschichte des Selbstschutzes. Berlin, 1926

Netzwerke der Kommunikation

50 Jahre Berufsfeuerwehr. Jubiläumsschrift München 1929

Das deutsche Feuerwehrbuch. Dresden und Leipzig, 1929

Feuerschutz und Feuerrettungswesen. Berlin, 1901

Wo Rauch ist, muß Feuer sein

Meili, E.: Mein Leben mit Cerberus. Stäfa, 1985

Bildnachweis

Fernand Leger: Komposition mit Regenschirm, © PRO LITTERIS, Zürich: 8
Cerberus AG: 9, 13
Manfred Kage: 12, 14
Deutsches Museum, München: 15
Stadt- und Universitätsbibliothek Frankfurt/Main: 16
Deutsches Museum, München: 17, 18, 19, 21
Staatsgalerie in Schloß Schleissheim, Bayerische Staatsgemälde-sammlungen, Joachim Blauel/Artothek.: 24/25
Needham, Wang Ling (1975): 26
China Science and Technology Museum, Bejing: 27
Horst von Irmer, Internationales Bildarchiv, München: 29, 30, 31
W. B. Emery: Ägypten (1980): 30
Horwitz: Über die Konstruktion von Fallen und Selbstschüssen: In: Jahrbuch des Vereins deutscher Ingenieure (Hrsg. C. Matschoss), Bd. 14, Berlin (1924): 32
Deutsches Museum, München: 33
München, Alte Pinakothek, Blauel/Gnamm-Artothek: 34/35
Deutsches Museum, München: 36
Museo de Arte Cataluna, Barcelona, Hirmer Fotoarchiv, München: 37
Barthelemi de Chasseneux: Catalogus gloriae mundi, in duo-decim libros diuisus, Lugduni 1546. Deutsches Museum, München: 38
Graphische Sammlung Albertina, Wien: 39
Louvre, Paris, Hirmer Fotoarchiv, München: 40/41
Deutsches Museum, München: 42
Kunsthistorisches Museum Wien, Photobusiness-Artothek: 43
Bayerisches Nationalmuseum München, Foto Claus Hansmann: 44
Privatsammlung, Foto Claus Hansmann: 45
Deutsches Museum, München: 46
Codex Lambacensis 73. Kloster Lambach bei Gmunden, Öster-reich: 47
Helmut Göthel/Okapia: 50
M. Wendler/Okapia: 51
Anup Shah/Okapia: 52 o.
B. Roth/Okapia: 52 u.
A. Root/Okapia: 53
J. Green/Okapia: 55
Reuhs/Okapia: 56 o.
Tom McHugh/Okapia: 56 m.
H. Mayer/Okapia: 56 u.
G. Marcuse/Okapia: 57
K. G. Vock/Okapia: 58
Karin Montag/Okapia: 59

M. Quinton/Okapia: 60
Tom McHugh/Okapia: 62
M. Tuttle/Okapia: 63
Stephen Dalton/OSF/Okapia: 64
M. Tuttle/Okapia: 65
K. G. Vock/Okapia: 66
Hans Reinhard/Okapia: 67
St. Meyers/Okapia: 69
Manfred Kage: 72–75
F O. Koch in A. Hellwig: Okkultismus und Verbrechen, Berlin (1929): 79 o.
C. Annaratone in A. Hellwig: Okkultismus und Verbrechen, Berlin (1929): 79 m.
R. Thurnwald: Werden, Wandel und Gestaltung des Rechtes, Berlin (1934): 79 u.
S. Nelken: Die Brandstiftung, Berlin (1925): 83
Holzmann: The romance of firefighting, New York (1956): 85
Diels: Antike Technik, Leipzig und Berlin (1920): 86
Aus Quennell: Everyday things in Homeric Greece, London (1929): 87 o.
Deutsches Museum, München, 87 m., u.
Horst von Irmer, Internationales Bildarchiv, München: 88/89, 94 u.
L. Jacobi: Das Römerkastell Saalburg, Homburg v. d. H. (1897): 90
Deutsches Museum, München: 91 o., 92 o.
Deutsches Schloß- und Beschlägemuseum, Velbert: 91 u., 94 o.
Aus F. M. Feldhaus: Polizei und Technik, Berlin (1926): 92 u., 93 o.
A. Ramelli: Le diverse et artificiose machine, Paris (1588): 93 u.
The Illustrated London News, 1862: 95
Deutsches Museum, München: 96
Cerberus AG: 97
Albert Robida: Le vingtième siècle, Paris (1883): 100, 103
Behrens: Beschreibung eines erprobten Instruments, Schwerin (1797): 101
Magazin aller neuen Erfindungen, Entdeckungen und Verbesse-rungen, Bd. 2, Leipzig (1812): 102
Bibliothek der Unterhaltung und des Wissens, Stuttgart (1922): 104
Die Uhrmacherwoche, Jg. 26, Leipzig (1929): 105
Umschau, Jg. 36, H. 2: 106–109, 111 o.
Scientific American, Bd. 48, New York (1883): 110
J. E. Mayer: Der Schlosser, Regensburg (1913): 111 m.
Cerberus AG: 111 u.
K. Gautsch: Das chemische Feuer-Löschwesen, München (1891): 112

Journal universel, 24. 12. (1881): 113

W. Doehring: Feuerlösch- und Rettungswesen (1881): 114/115

Cerberus AG: 116/117

Deutsches Museum, München: 116 u.

Zeitschrift für Angewandte Elektricitätslehre, Jg. 4, Bd. 4, München (1882): 117

Kollatz: Selbsttätige elektrische Feuer- und Einbruchmelder, Berlin (1922): 118 o.

Cerberus AG: 118 u.

Patentschrift Nr. 90083, Berlin, Kaiserliches Patentamt (1896): 119 o.

Sonderausstellung Feurio – 175 Jahre Vereinte Versicherung AG im Deutschen Museum, München (1987): 119 u., 120/121

Deutsches Museum, München: 122, 123

Cerberus AG: 124

K. Gautsch: Das chemische Feuer-Löschwesen in allen seinen Teilen. München (1891): 125, 126

Deutsches Museum, München: 127

Vegetini: Renati viri illustris . . ., Paris (1553): 128

Cerberus AG: 129 o.

E. Deharme: Les merveilles de la locomotion, Paris (1888): 129 u.

Ulrich Gantner, Uerikon: 132

Holzman: The Romance of Firefighting. Bonanza Books, New York (1956): 133, 139 o.

Steinheil: Beschreibung des für die Feuerwacht auf dem St. Petersthurme in München ausgeführten Pyroskops, München (1842): 135

50 Jahre Münchner Berufsfeuerwehr, München (1929): 136 o.

K. L. von Littrow: Das Toposkop auf dem St. Stephansthurme in Wien, Wien (1837): 136 u.

Feuerschutz und Feuerrettungswesen beim Beginn des XX. Jahrhunderts, Berlin (1902): 138, 139 u.

Scientific American, New York (1893): 140

Deutsches Museum, München: 141

Cerberus AG: 142–155, 161, 163

Eyedentify Inc., USA: 157–159

H.-O. Peitgen/P. H. Richter: The Beauty of Fractals, © Springer-Verlag, Berlin–Heidelberg (1986): 162